世界

溫帶淡水魚

Freshwater fishes in Temperate zone

佐土哲也／著　關 慎太郎／攝影　徐瑜芳／譯

South Korea

China

Taiwan

South-Southeast Asia

Russia

Europe

North America

Australia

前言

被問到「魚類對你而言是什麼？」的時候，你會怎麼回答呢？對某些人而言魚類是「食物」；對另一群人而言則是釣魚及飼育等「興趣」；其他還有像是「生計」或是「心靈寄託」等答案，或許還有些人是沒來由地討厭魚類。對筆者而言，魚類是難以一言以蔽之的「生存意義」。

筆者成為研究者的出發點，應該是小時候和友人一起沉迷於採集河魚的時光。當時和那位朋友上同所小學及中學，我們幾乎每天都會往河邊跑。他是個捕魚好手，記得有次看到他將手伸到岩石底下徒手抓到特氏東瀛鯉（*Nipponocypris temminckii*），對於這種不需要道具就能抓魚的天賦感到十分驚豔，至今仍然印象鮮明（筆者現在的採集技巧仍然難以望其項背）。

之後雖然有段時間疏遠了，但是緣分就是這麼的奇妙，當筆者進入研究所時又和這位朋友重逢了。當時因為正在進行「日本國內外平頷鱲及馬口鱲的卵・魚苗形態形成」的研究，需要請琵琶湖博物館讓渡馬口鱲（*Opsariichthys bidens*）的種魚，而他當時正是那裡的飼育員。現在的他是位兩棲・爬蟲及淡水魚類的攝影師，以「關 慎太郎」這個名字活躍於業界。我們後來是因為綠書房的水族迷月刊《Fish Magazine》的〈溫帶魚類〉（2005～2014）連載企劃而再次搭上線的。

本書以10年來的連載內容為基礎，大幅新增及修訂了最新情報及解說，即使如此還是有些部分略感不足，因此又補上了幾篇專欄，希望能讓讀者更容易理解。37年前我像《湯姆歷險記》裡的主角那樣戲水抓魚，如今能將那些令我著迷的魚類匯集成一本書，真的讓我感到無比開心。

在日本國內可以看到海外淡水魚的地方，主要是水族館及寵物店。裡面的魚類大多是炫目的日光燈魚及七彩神仙魚、溫馴可愛的鼠魚，以及大型又有氣勢的龍魚等，比較「淺顯易懂」的魚類。對於熟悉日本淡水魚類的人來說，雖然會驚訝於海外有這些魚類，但是卻很難想到這些魚類與自己的關聯性。

也因此，才更需要認識那些和日本棲息在相同氣候帶，且有血緣關係的魚類，來增進對

海外魚類的熟悉感。相信透過這樣的認識，可以理解魚類的進化及多樣性，甚至能更加瞭解日本的地域及環境。舉例來說，觀察韓國、中國、台灣的魚類就會發現有些種類雖源自相同的地方，卻隨著時間發展，各自進化形成具有多樣性的生態樣貌。也能更加強烈地感受到「現今的魚類形態」是在這樣的環境中演化才保留下來的。

本書著重在目前較少被提及的「溫帶及周邊氣候帶的魚類」，希望能讓各位讀者感受到「原來世界上還存在著這麼多種類獨特的魚類」。此外，本書也收錄了多種被日本指定為特定外來生物的魚類，希望能激發讀者們保護本地物種多樣性不受外國物種侵害的意識。認識世界上其他魚類的同時，也要保護日本魚類。

筆者一直以來幸運地獲得許多認識魚類的機會，也心存感激。而認識越多魚類，就越想知道更多，除了紙本資料之外，想到棲息地一探究竟的心情也越來越強烈。本書中收錄了387種溫帶淡水魚，而世界上已發現的淡水魚類大約有1萬2千種。作為一名研究者和魚類愛好者，想到地球上還有這麼多種魚類等著我去發掘，就覺得雀躍不已。希望各位讀者也能透過本書，找到「魚類」對於自己的意義。

佐土哲也

目　錄

收錄範圍

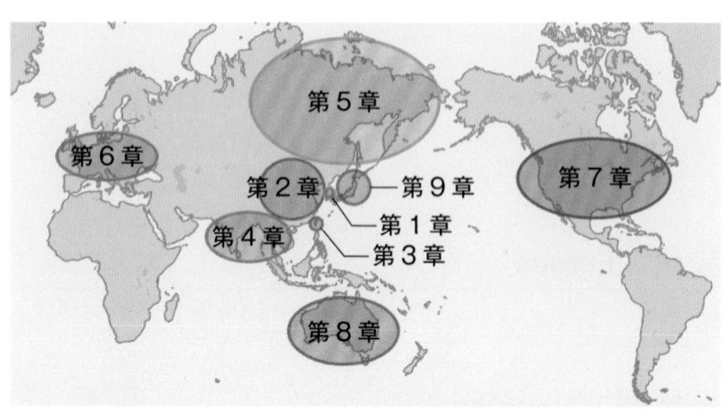

第1章　韓國

說到日本淡水魚的根源一定會想到這裡，是連結大陸與日本的陸橋般的地區。也有許多魚類誕生於這樣的半島上。

第2章　中國

東亞最大的淡水魚產地，是具有許多特有種的多樣性寶庫，也是在悠長歷史中相互競爭而存活下來的魚類們組成的世界。

第3章　台灣

和日本一樣是從大陸隔離出來的島嶼，本篇會介紹進化成獨特樣貌的魚類。有許多和大陸相似的魚種，可以發現與大陸之間的深刻連結。

第4章　南亞・東南亞北部

可以看見日本沒有的鮠魚等帶有南方要素的魚種。本篇也會介紹可以適應喜馬拉雅山等高山溪流的魚類。

第5章　俄羅斯

日本的淡水魚根源之中，來自北方的魚類與這個地區密切相關。包含許多順應冷水演化的魚種。

第6章　歐洲

歐亞大陸的西邊雖然和日本距離遙遠，但是可以發現鮈亞科及鰍屬的同類等，與日本淡水魚相似的魚類。

第7章　北美洲

與日本隔著太平洋遙遙相望的地區。存在著弓鰭魚及雀鱔等古老的魚種，還有大口黑鱸及鏢鱸入侵淡水域後演化出多樣化的鱸形目魚類。

第8章　澳洲

起源於南半球海域的淡水魚進行特殊演化的地區。魚兒們生存在廣大沙漠邊緣有限的淡水水域中。

第9章　溫帶魚類現況

比較日本及海外溫帶魚類的同時，也探討溫帶魚類的魅力，以及外來魚種帶來的問題等等。

【8個地區的溫帶淡水魚】

本書是第一本收錄溫帶及周邊地區淡水魚的圖鑑，包含了韓國、中國、台灣、南亞、東南亞北部、俄羅斯、歐洲、北美、澳洲等8個地區的淡水魚種，如左圖所示。收錄範圍不含南美洲及非洲。

【關於溫帶的定義及地圖標示】

本書的主題——溫帶，是在熱帶、溫帶、亞熱帶、寒帶、乾燥帶這5大類氣候帶之中的一種。各個氣候帶的定義如下，熱帶：最冷月分的平均氣溫達18℃以上；溫帶：最冷月分的平均氣溫為-3～18℃；亞寒帶：最冷月分的平均氣溫未達-3℃，寒帶：最暖月分的平均氣溫未達10℃。因為還有地形、海流、季風等影響，氣候帶和緯度並沒有必然關係，不過溫帶地區大約集中在南・北緯30～40度的地方。由於圖示難以依照上述規則呈現，因此本書各章開頭的地圖就沒有特別標示溫帶地區。

請參考下圖，下圖為世界氣候區域分布圖。

【世界氣候區域】

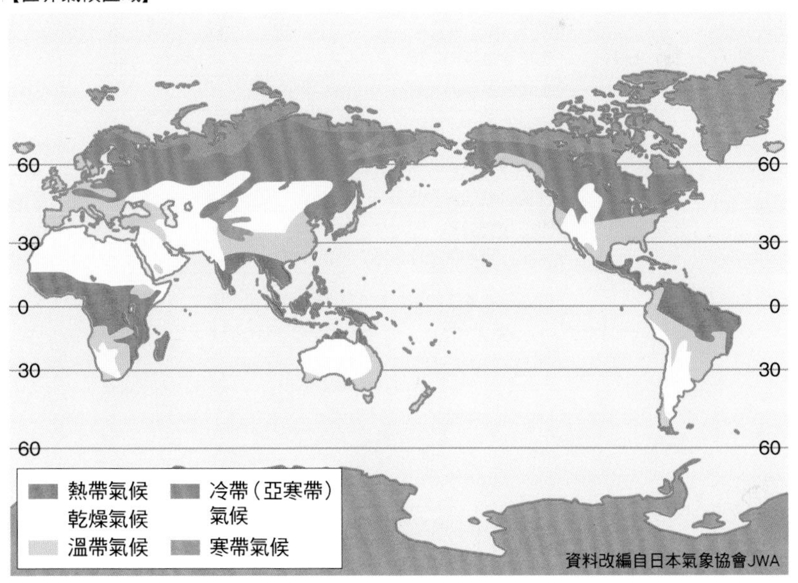

【關於中文名・商品名・學名】

魚種名稱原則上會優先使用論文中記載的名稱，以及觀賞魚業界使用的俗名（商品名）。除此之外，若無相應的一般名稱，則以學名標示。若有別名，也會一併記錄在解說文中。

【關於廣泛分布的種類】

本書中會有同一魚種跨越不同地區的情形（例如瘋鱨）。因為分布廣泛的魚種會因地域不同而有些許差異，每種都有可能再作區別。關於地域造成的種內差異有些部分沒有提到，但是希望讀者能透過照片感受到其中的不同之處。

此外，會廣泛地分布在各個區域就代表該魚種的生態適應力很強。這也是容易成為國外外來種的特徵，希望讀者們也能多加認識。

【關於瀕危物種紅皮書】

瀕危物種紅皮書名錄（Red List）是由1984年成立的國際自然保護團體「國際自然保育聯盟（International Union for Conservation of Natural Resources：IUCN）」編製，其中收錄了瀕臨絕種的野生生物清單。本書中提到的瀕臨滅絕物種是依照紅皮書的分類定義。類別及其說明概要如下表所示。

類別	說　明
滅絕（EX）	物種已全數滅絕。
野外滅絕（EW）	物種只在飼養・栽培的情況下生存，或只剩下遠離原分布地以外的馴化族群。
有滅絕風險（CR）+（EN）	物種瀕臨滅絕危機。
極危（CR）	物種近期之內在野外面臨極高的滅絕風險。
瀕危（EN）	物種面臨野外滅絕風險，但未達極危之標準。
易危（VU）	物種滅絕的風險升高。
接近受脅（NT）	物種目前的滅絕風險不高，但是隨著棲息條件的變化有可能面臨滅絕風險。
資料不足（DD）	缺乏資訊，無法評估其滅絕危險性。
地區受脅個體群（LP）	孤立於某地區的個體群，面臨高度滅絕風險。

本書的使用方式

[圖鑑]

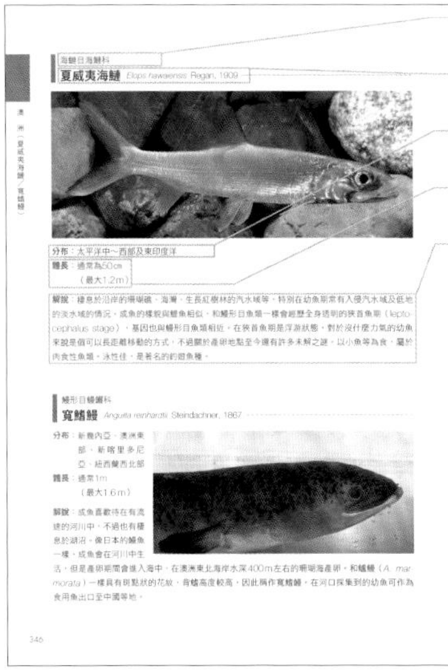

海鰱目海鰱科

夏威夷海鰱 *Elops hawaiensis* Regan, 1909

分布：太平洋中～西部及東印度洋

體長：通常為50cm（最大1.2m）

解說：棲息於沿岸的珊瑚礁、海灣、生長紅樹林的汽水域等，特別在幼魚期常有入侵汽水域及低地的淡水域的情況。成魚的樣貌與鰱魚相似，和鰻形目魚類一樣會經歷全身透明的狹首魚期（leptocephalus stage），基因也與鰻形目魚類相近。在狹首魚期是浮游狀態，對於沒什麼力氣的幼魚來說是個可以長距離移動的方式，不過關於產卵地點至今還有許多未解之謎。以小魚等為食，屬於肉食性魚類。泳性佳，是著名的釣遊魚種。

鰻形目鰻鱺科

寬鰭鰻 *Anguilla reinhardtii* Steindachner, 1867

分布：新幾內亞、澳洲東部、新喀里多尼亞、紐西蘭西北部

體長：通常1m（最大1.6m）

解說：成魚喜歡待在有流速的河川中，不過也有棲息於湖沼。像日本的鰻魚一樣，成魚會在河川中生活，但是產卵期間會進入海中，在澳洲東北海岸水深400m左右的珊瑚海產卵。和鱸鰻（*A. marmorata*）一樣具有斑點狀的花紋，背鰭高度較高，因此稱作寬鰭鰻。在河口採集到的幼魚可作為食用魚出口至中國等地。

346

1～8章的圖鑑部分會以①～⑤的項目解說溫帶魚類的魅力。照片中的個體會依其形態、產地、遺傳資訊進行鑑定並分類，若有不明的種類，則會以鱊屬未鑑定種、鮹屬等「～屬未鑑定種」的方式標示，也會敘明理由。

本書最後除學名索引外，亦收錄了中文名（商品名）索引，可用來查詢購入的觀賞魚。

[專欄・解說]

田野調查

在當地調查機構及魚類愛好者的協助下，進行2～3天的調查及取材，並以報導的形式進行介紹。內容包括前往調查地點的刺激過程、半夜的冒險以及感動的相遇等等。

水邊生物

世界溫帶魚類棲息的周邊環境還有各種充滿魅力的生物存在。這裡也會帶各位認識取材時無法完整介紹的兩棲類、爬蟲類、甲殼類、貝類的有趣之處。

第9章 溫帶魚類現況

第9章的內容包括了圖鑑中沒有介紹到的最新情報解說，其中會介紹在日本新登場的國內外來魚種及其搜索、捕獲等過程。

注意事項

本書刊載的內容是經過謹慎調查的最新知識。但是，由於科學進步顯著，無法保證刊載內容的完整性。因本書內容造成的意外事故及損失，作者、攝影師、編輯及出版社概不負責。

部位名稱・詞彙說明

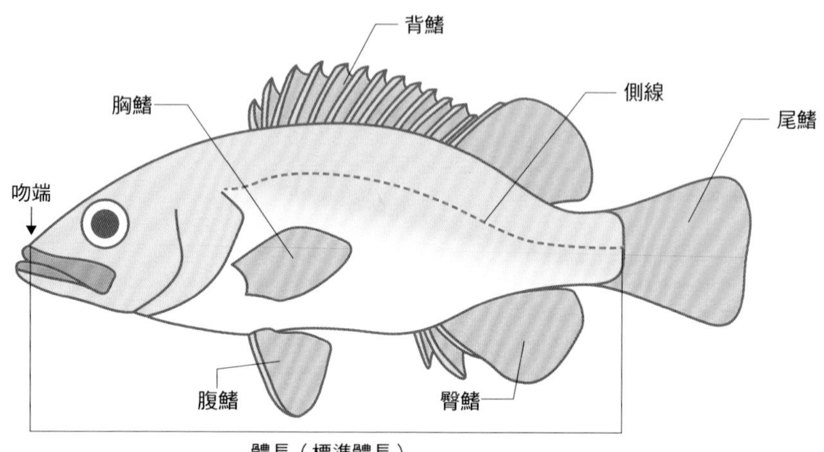

體長：從上頷前端至尾下骨基部（大約在尾鰭可開始彎曲的摺線位置）

縱帶：與頭部及尾部連結軸線平行的條紋

橫帶：與頭部及尾部連結軸線垂直的條紋

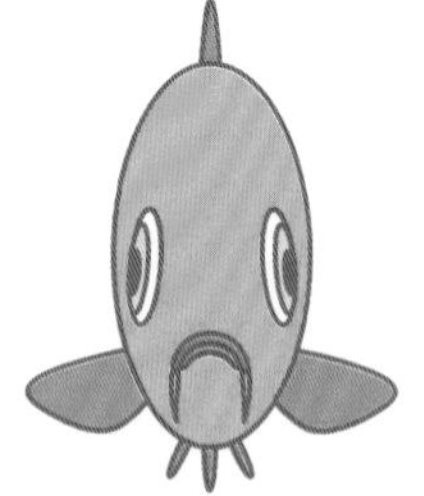

側扁型：左右方向較扁，背腹方向較
高的體型

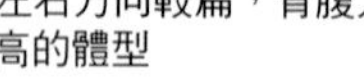

縱扁型：左右方向較寬，背腹方向較
扁的體型

詞彙	說明
亞種	同種內因為地理因素而變異，並且可在形態上做區別的族群。
引入種	起源於別處，被引入原本沒有自然分布的地區的物種。與外來種為同義詞。
商品名	和一般名稱不同，觀賞魚等外國產魚類流通於市面上時會另取商品名。（日本魚類學會不將商品名認定為標準名稱）。
追星	出現於繁殖期雄魚頭部、魚鰭、身體等各處的白色粒狀突起。
側線管	魚類的感覺器官之一。是位於皮下的管狀器官，表面四處分布了張開的孔洞。是所有魚類的分類特徵。
鰭條	支撐魚鰭的骨骼組織。
硬棘	同樣是支撐魚鰭的鰭條，質地堅硬且沒有分節。
廣域分布物種	不只存在於特定地區，棲地跨越國家及地區，廣泛分布的物種。
降海產卵洄游性	親魚從河川游到海洋產卵，在海中出生的生活形態。
側線孔	魚類的感覺器官之一，是附在側線管上成列的孔洞。是所有魚類的分類特徵。
國外外來種	起源於國外，被引入原本沒有自然分布的地區的物種。
國內外來種	起源於國內，被引入原本沒有自然分布的國內地區的物種。
特有種	只分布在特定地區或國家的物種
婚姻色	繁殖期間雄魚或及雌魚身上會出現與平常不同的體色。
仔魚	魚類生活史的早期發育階段，從孵出開始至各鰭鰭條形成、各運動器官發育完備為止。
種名	以二名法命名的生物學名包括屬名及種名，排序在後方的即為種名。
稚魚	魚類發育的其中一個階段，從各運動器官發育已臻完善開始，直到鱗片開始形成全身披鱗，體型、體色基本與成魚相似時為止。
特定外來物種	對生態系、人類的健康及生命、農林漁牧業造成重大危害或有其可能性的國外物種。日本有針對這些生物制定《外來生物法》，並指定特定物種加以管制。
頂端掠食者	位於食物鏈頂端的高級掠食者，不存在營養層級比其更高，甚至對其進行掠食的物種。又稱為頂級掠食者。
軟條	屬於支撐魚鰭的鰭條，有分節。通枝無分叉的為「不分枝軟條」，末端分枝的則為「分枝軟條」。
生態棲位	生物在生態系中扮演的角色及地位。
幼魚	雖然是用來表示魚類成長階段的用語，但並非專門用語，只是用起來方便。指的是肉眼可見的稚魚及未成熟的成魚。
應注意外來物種	雖然不是《外來生物法》規範的對象，但是有對生態系帶來負面影響可能，而被日本環境省指定為外來物種。
陸封型	在內陸水域中完成生涯史的魚類生活型態。
漂流卵	產出後順著河川流至下游並且孵化的魚卵。存在於卵黃與卵膜之間的空間可以產生浮力，白鰱等魚類的卵就屬於這個類型。
紅皮書	原文為Red Data Book，是以國際自然保育聯盟（IUCN）的紅皮書名錄為基礎製作的出版物。各國都有各自評估製作的紅皮書，在日本是由環境省負責編製。
紅皮書名錄	由國際自然保育聯盟（IUCN）定義的世界瀕危野生生物名單。各國也有以此為基礎各自制定專屬的紅皮書名錄。在日本是由環境省負責編製。台灣是由農委會特生中心及林務局共同編製。

朝鮮少鱗鱖
朝鮮鰍
鴨綠小鰾鮈

韓　國

韓國是距離日本最近的鄰國之一，位處較日本更為北緯的地區，在氣候區分上屬於亞寒帶地區。不過，在1000萬年前，朝鮮半島與西日本曾經是相連的，因此有許多和日本共通的溫帶魚類，如黃褐田中鰟鮍（*Tanakia limbata*）及長吻似鮈（*Pseudogobio esocinus*）等。另一方面，韓國也有許多特有種。韓國包含洄游魚類的195種淡水魚之中就有大身鱊（*Acheilognathus majusculus*）、鴨綠小鰾鮈（*Microphysogobio yaluensis*）、圓尾高麗鰍（*Koreocobitis rotundicauda-ta*）、朝鮮瘋鱨（*Tachysurus koreanus*）等50種以上的特有種，其中也包括朝鮮䱻（*Hemibarbus mylodon*）、短身朝鮮鱨（*Coreobagrus brevicorpus*）等因為環境變化而個體數銳減，被指定為保育類動物的魚類。此外，在朝鮮半島也能發現大鰭鱊（*Acheilognathus macropterus*）、䱗條（*Hemiculter leucisculus*）、黃黝魚（*Micropercops swinhonis*）等與大陸共通的魚

〔MAP〕

烏蘇里瘋鱨

種，受到大陸的影響之深，論及日本與大陸之間的關係時，這裡也是個密切相關的重要地區。

韓國有幾條主要的河川，包括流注於韓國西岸的漢江及錦江、南岸的蟾津江及洛東江，這些河川在韓國魚類相的組成上有極大的影響。例如，洛東田中鰟鮍（*Tanakia latimarginata*）就是洛東江水系特有的魚種。別忘了還有韓國東岸，那裡雖然沒有大的河川，卻有南方多刺魚（*Pungitius kaibarae*）這種已經在日本滅絕的淡水魚，這裡對於韓國的魚類相而言也是個重要的地區。

最後，從分類學的角度看看分布在韓國的淡水魚類吧。雖然隨著研究日益發展，已經可以將高麗雅羅魚再分類為南韓雅羅魚（*Coreoleuciscus aeruginos*）及高麗雅羅魚（*C. splendidus*），還是有些類別需要再檢討。例如，吻鰕虎屬的魚類已經有若干分類，但是有些卻被當作褐吻鰕虎（*Rhinogobius brunneus*）處理，這也顯示出日本在吻鰕虎魚類現況，在早期分類學上仍然有進展空間。

鯉形目鯉科鱊亞科

興凱鱊 *Acheilognathus chankaensis*（Dybowski, 1872）

分布：朝鮮半島西南部

體長：9㎝

解說：棲息於流速緩和的泥沙底河川中～下游流域。特徵是腹鰭前緣有白邊，體高和斜方鱊（*A. rhombeus*）一樣偏高。雄魚的婚姻色為全身維持銀色，但臀鰭邊緣及根部會變黑，中央則是白色，雖然不太顯眼，卻有種簡約的美感。背鰭及臀鰭的棘狀軟條和大鰭鱊（*A. macropterus*）一樣是堅硬的，因此日文名稱直譯為「朝鮮棘鱊」。

鯉形目鯉科鱊亞科

大身鱊 *Acheilognathus majusculus* Kim & Yang, 1998

分布：韓國南部的蟾津江及洛東江水系

體長：8～10㎝

解說：棲息於水深1m以上，水流流動，底部有大石塊的河川中，以藻類為食，屬於雜食性。雖然和山津鱊（*A. yamatsutae*）十分類似，但是成魚的吻端是尖的，還有長觸鬚，鰓耙數為17～21。種名*majusculus*為「較大」的意思，是因為牠在分布於韓國的鱊屬魚類之中體型較大而命名的。

鯉形目鯉科鱊亞科

斜方鱊 *Acheilognathus rhombeus*（Temminck & Schlegel, 1846）

分布：朝鮮半島西部、在日本為濃尾平原以西的本州及九州北部。也被人為引進關東平原

體長：5～11cm，在韓國為5～7cm

解說：棲息於河川的中～下游流域、湖泊、蓄水池等處。以水生昆蟲、水草等為食，屬於雜食性。在韓國時，繁殖期同樣是9～11月的秋冬時節。鰓蓋上方後半有三角形的暗斑，體側後半有一條青色的縱條。種名*rhombeus*為「菱形」的意思，取自其偏高的體型。

鯉形目鯉科鱊亞科

山津鱊 *Acheilognathus yamatsutae* Mori, 1928

分布：朝鮮半島西部

體長：5～9cm

解說：生長於水深30～80cm左右，流速緩和的砂礫泥底河川中～下游流域。以水生昆蟲及浮游植物等為食，屬於雜食性。繁殖期為4～7月。鰓蓋上為後方有暗青色的斑點，由此處開始向尾端延伸出一條青色縱條。因為長相和日本特有的縱帶鱊（*A. cyanostigma*）相似，因此日文名稱也十分相似。細長的體型和大身鱊（*A. majusculus*）也很像，可以透過不尖的吻端及8～13的鰓耙數加以區分。是韓國特有種。

鯉形目鯉科鱊亞科

濟南鰟鮍 *Rhodeus notatus* Nichols, 1929

分布：朝鮮半島中～南部、中國東北部

體長：3～4㎝

解說：棲息於水草茂盛的河川靜止處、蓄水池及湖沼中。以浮游動物及藻類等為食，屬於雜食性。繁殖期為4～7月，會在褶紋冠蚌（*Cristaria plicata*）、背角無齒蚌（*Sinanodonta woodiana*）、松毬貝（*Pronodularia japanensis*）等貝類的鰓瓣產卵。和其他棲息在朝鮮半島上的鰟鮍屬（*Rhodeus*）魚類的區別是，鰓蓋上方往後有青色的斑點，體側有一條青綠色的縱條，從背鰭的起點再前面一點的地方開始往後延伸。和分布於日本的史氏鰟鮍（*R. smithii*）十分相似，基因層次上也非常地接近。

鯉形目鯉科鱊亞科

朝鮮鰟鮍 *Rhodeus uyekii*（Mori, 1935）

分布：朝鮮半島中～南部

體長：3～4㎝

解說：棲息於水草茂盛的河川靜止處、蓄水池及湖沼中。以浮游動物及藻類等為食，屬於雜食性。繁殖期為4～6月，會在食蚌類的貝類中產下2.5×1.3㎜左右的橢圓形魚卵。和其他棲息在朝鮮半島上的鰟鮍屬（*Rhodeus*）魚類的區別是，鰓蓋上後方有青色的斑點，體側有一條藍色的縱條，從背鰭的起點正下方開始往後延伸。另外有個特徵是，出現婚姻色的雄魚尾鰭外緣會變成黑色。

鯉形目鯉科鱊亞科

朝鮮田中鰟鮍 *Tanakia koreensis*（Kim & Kim, 1990）

分布：朝鮮半島南部

體長：4～7㎝

解說：棲息於水草多的砂礫泥底，繁殖期為4～6月左右。屬於雜食性。過去曾包含了洛東田中鰟鮍（*T. latimarginata*）這個隱蔽種。出現婚姻色的朝鮮田中鰟鮍，雄魚尾鰭邊緣的帶狀黑色部分從前方到第2、3條鰭條附近較粗；而洛東田中鰟鮍則是從前方到中間都是粗的。另外，朝鮮田中鰟鮍雌魚的產卵管為深色，而洛東田中鰟鮍的為淺色。

鯉形目鯉科鱊亞科

洛東田中鰟鮍 *Tanakia latimarginata* Kim, Jeon & Suk, 2014

分布：洛東江等處，朝鮮半島西南部

體長：4～7㎝

解說：棲息於水草多的砂礫泥底，繁殖期為4～6月左右。屬於雜食性。過去曾被認為是朝鮮田中鰟鮍（*T. koreensis*），後來發現基因上的不同之處，在2014年被列為新品種。出現婚姻色的洛東田中鰟鮍，雄魚尾鰭邊緣的帶狀黑色部分從前方到中間都是粗的；而朝鮮田中鰟鮍則是從前方到第2、3條鰭條附近較粗。另外，洛東田中鰟鮍雌魚的產卵管為淺色，而朝鮮田中鰟鮍的為深色。

鯉形目鯉科鱊亞科

高麗田中鰟鮍 *Tanakia signifer*（Berg, 1907）

分布：漢江、臨津江、鴨綠江等朝鮮半島中～北部

體長：4～6㎝

解說：棲息於水草多的砂礫泥底屬於雜食性，繁殖期為5～6月，4月末左右，雄魚就會開始出現領域性，對同類進行攻擊，行為模式和日本的黃褐田中鰟鮍（*T. limbata*）一樣。雌魚會產卵在河蚌類中。雄魚的婚姻色特徵是背鰭上有橘色的寬帶狀。

鯉形目鯉科鮈亞科

高麗雅羅魚 *Coreoleuciscus splendidus* Mori, 1935

分布：朝鮮半島中部的漢江及錦江水系

體長：9～11㎝

解說：棲息於流速快、水流清澈的小石及砂礫底河川中～上游。以藻類、水生昆蟲及小型無脊椎動物等為食，屬於雜食性。過去這個物種曾經包含2個種別，到2015年分別列為不同種。另一個種別南韓雅羅魚（*C. aeruginos*）分布於韓國南部的蟾津江及洛東江水系，而本種與其的不同之處為背鰭中段有前後不連續的黑色條紋。

鯉形目鯉科鮈亞科

森氏黑鰭鰁 *Sarcocheilichthys morii*（Günther, 1873）

分布：洛東江以西、大同江以南的朝鮮半島

體長：15㎝

解說：棲息於流速緩和的砂礫泥底河川。以藻類、水生昆蟲及小型無脊椎動物等為食，屬於雜食性。在4～6月的繁殖期間，會在雙殼貝類中產下3㎜左右的卵。森氏黑鰭鰁和屬於同域物種的脅穀鰁（*S. variegatus wakiyae*）（Temminck & Schlegel，1846）的不同之處在於背鰭上有兩條深色的帶狀紋路。森氏黑鰭鰁和分布於中國黃河水系以南的黑鰭鰁（*S. n. nigripinnis*）型態十分相似，難以從外型辨別，不過由於兩者的棲地在地理位置上有明確的區隔，因此本種被認定為是亞種。此外，牠們在基因遺傳方面也有差異。

鯉形目鯉科鮈亞科

脅穀鰁 *Sarcocheilichthys variegatus wakiyae*（Temminck & Schlegel, 1846）

分布：朝鮮半島南部

體長：9～11 ㎝

解說：棲息於水流清澈的河川及湖泊中。以藻類、水生昆蟲及小型無脊椎動物等為食，屬於雜食性。在4～6月的繁殖期間，會像日本的鰁屬魚類一樣在雙殼貝類中產卵。可以做區別的特徵為背鰭上的黑線只有在大約背鰭的中間位置才有1條，背鰭外緣及根部附近的黑線不明顯。本種在分類上屬於分布於日本的雜色鰁（*S. v. variegatus*）的亞種。

鯉形目鯉科鮈亞科

條紋頜鬚鮈 *Gnathopogon strigatus*（Regan, 1908）

分布：朝鮮半島西部、俄羅斯東南部、蒙古、中國北部

體長：7～9㎝

解說：棲息於流速緩和的泥沙底河川中游、池沼、水壩等處。主要以浮游動物、水生昆蟲等為食，屬於雜食性。在6～8月的繁殖期時會在水草中產卵。與棲息於日本的長身頜鬚鮈（*G. elongatus*）十分相似，不同之處在於體側中央有條深色粗縱帶，從背部到腹部共有8～9道深色縱條，這是牠的名稱由來。在水族箱中的樣貌與長身頜鬚鮈相同。

鯉形目鯉科鮈亞科

朝鮮䱻 *Hemibarbus mylodon*（Berg, 1907）

分布：朝鮮半島中部的漢江、臨津江、錦江

體長：18～38㎝

解說：棲息於砂礫底的大河川上～中游流域。以水生昆蟲、甲殼類、貝類、小魚等為食。在4～5月的繁殖期會像播種一樣將卵產在河底的砂礫上，還有將小石頭及泥沙堆成山形以保護魚卵的習性。夜行性。特徵是背鰭及尾鰭的條紋及身體上深色斑列。照片中的個體為幼魚，體側的深色大斑點會隨著成長而消失，變成小斑點的排列。屬於韓國特有種，而且個體數非常稀少，因此被指定為保育類動物。

鯉形目鯉科鮈亞科

長背小鰾鮈 *Microphysogobio longidorsalis* Mori, 1935

分布：朝鮮半島的漢江、錦江、大同江、臨津江水系

體長：7～13㎝

解說：棲息於水流清澈的砂礫底河川上～中游流域。主要以甲殼類、水生昆蟲等為食。繁殖期為5～7月。雄魚體型會變大，但是雌魚最多只會長到10㎝左右。本種的第二性徵明顯，雄魚整體會偏黑，背鰭上的紅色邊緣面積會增加。本種的日文名稱中包含「帆立」，就是來自於這個增加的紅色背鰭部分。

鯉形目鯉科鮈亞科

鴨綠小鰾鮈 *Microphysogobio yaluensis*（Mori, 1928）

分布：朝鮮半島

體長：9cm

解說：棲息於流動的小石頭及砂礫底質河川中。以甲殼類、水生昆蟲等為食，屬於雜食性。繁殖期為4～7月。本屬分布在朝鮮半島、中國、台灣、越南的大群組中約有20種，其中5種分布於朝鮮半島。本種日文名稱中的「胸板」就是以胸部～腹部這段無鱗片的模樣命名的。

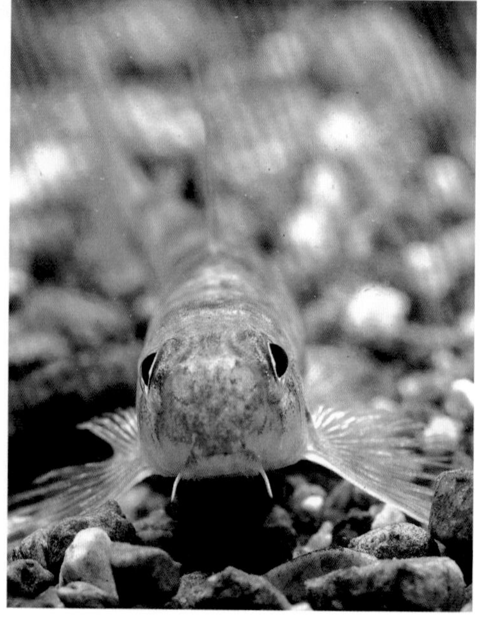

鯉形目鯉科鮈亞科

斯氏琵琶鮈 *Biwia springeri*（B n rescu & Nalbant, 1973）

分布：朝鮮半島與中～南部的黃海及東中國海岸相連的河川

體長：5～7㎝

解說：棲息於流速緩和的砂礫底質河川。以甲殼類、水生昆蟲及藻類等為食，屬於雜食性。在4～7月的繁殖期間，成熟的雄魚會帶點黑色，並以頭部下方為中心出現追星。和同樣分布於朝鮮半島的棒花魚（*Abbottina rivularis*）相比，本種的吻端較短，口唇上沒有乳頭狀的突起，體側排列著深色且輪廓不明顯的小斑點。以前雖然被分類為棒花魚屬（*Abbottina*），現在已改為琵琶鮈屬（*Biwia*）。

鯉形目鯉科鮈亞科

長吻似鮈 *Pseudogobio esocinus*（Temminck & Schlegel, 1846）

分布：朝鮮半島、中國北部、西日本

體長：14～28㎝

解說：棲息於砂底質河川中游。以甲殼類、水生昆蟲及藻類等為食，屬於雜食性。繁殖期為5～7月。日本的長吻似鮈於2019年分為3個種類，本種廣泛地分布於西日本（以前的Clade A）。被認為是更新世前期入侵日本的族群，是種可以感覺到與朝鮮半島之間深刻關係的淡水魚。

鯉形目鯉科雅羅魚亞科

真鱥 *Phoxinus phoxinus*（Linnaeus, 1758）

分布：朝鮮半島、黑龍江流域、西伯利亞西部至法國（不含斯堪地那維亞半島北緣），以及英國、愛爾蘭

體長：5～8㎝

解說：棲息於水質清澈的砂礫底河川上游流域。以水生昆蟲、小型甲殼類、藻類為食，屬於雜食性。在4～5月繁殖期間會產卵在砂礫底河床上。分布地區包括歐洲，屬於廣域分布種，與歐洲的個體群有遺傳上的不同，未來也有可能會被分類為別的物種。

鯉形目鯉科雅羅魚亞科

班鰭大吻鱥 *Rhynchocypris kumgangensis*（Kim, 1980）

分布：朝鮮半島中部的漢江、錦江、大同江、鴨綠江流域

體長：6～7㎝

解說：棲息於河川上游水質清澈的冷水水域。以水生昆蟲、小型甲殼類為食，屬於雜食性。繁殖期為4～5月。背鰭基底有深色斑塊，和同樣分布於朝鮮半島的黑星大吻鱥（*R. semotilus*）十分相似，但是本種體型比較細長，尾鰭為明顯的雙叉。繁殖期時，雄魚體側會有兩條橘色的縱帶。

鯉形目鯉科雅羅魚亞科

喬氏大吻鱥 *Rhynchocypris oxycephalus jouyi*（Jordan & Snyder 1901）

分布：俄羅斯東南部～中國北部，包含朝鮮半島，以及西日本

體長：8～11㎝

解說：棲息於河川上游水質清澈的冷水水域。以水生昆蟲、小型甲殼類、藻類為食，屬於雜食性。繁殖期為4～7月。雖然在日本被分類為亞種，在韓國則被視為一個物種。同樣分布於朝鮮半島的斯氏大吻鱥（*R. steindachneri*）也被視為一個物種。

鯉形目鯉科細鯽屬

中華細鯽 *Aphyocypris chinensis* Günther, 1868

分布：朝鮮半島、中國北部、日本的九州北部

體長：6㎝

解說：棲息於平原上流速緩和的河川及淺水池沼中。雖然在日本被指定為極危（CR）物種，但是在韓國及中國並不像在日本一樣是保育類物種。不過，在海外還是有面臨滅絕的可能性，還希望這個魚種能受到充分的保護。在台灣有同屬的菊池氏細鯽（*A. kikuchii*）。是能證明日本與大陸曾經連結的魚種。

鯉形目鰍科

朝鮮鰍 *Cobitis koreensis* Kim, 1975

分布：朝鮮半島中部的漢江及臨津江等

體長：6～9㎝

解說：棲息在山間溪流上～中游的砂礫河床中。以水生昆蟲、藻類等為食，屬於雜食性。繁殖期為6～7月。體側有10～18條橫紋排列。為韓國特有種。

鯉形目鰍科

長身鰍 *Cobitis longicorpus* Kim, Choi & Nalbant, 1976

雄魚

雌魚

分布：韓國南部的蟾津江及洛東江水系

體長：9～17㎝

解說：棲息於河川流動水域上～中游的砂礫河床中。主要以水生昆蟲等為食，屬於雜食性。繁殖期為5～7月。體側有10～13條橫紋排列，第一條橫紋為黑色，其餘為深色。雄魚的胸鰭骨質板帶點圓鈍感。在韓國的鰍屬魚類（*Cobitis*）中體型最大。不同地區會有不同的樣貌，染色體數量也有差異。

鯉形目鰍科

黑龍江鰍 *Cobitis lutheri* Rendahl, 1935

分布：包含朝鮮半島的黑龍江水系～中國北部

體長：7㎝

解說：棲息於流速緩和、水流清澈的河川中游流域沙底河床中。以水生昆蟲為食，屬於雜食性。繁殖期為5～7月。體側有兩條如黑色斑點連結起來的明顯黑縱帶，有時候看起來像虛線。此外，縱帶之間還有一條細線狀，不明顯的點狀列。

鯉形目鰍科

太平鰍 *Cobitis pacifica* Kim, Park & Nalbant, 1999

分布：蟾津江水系

體長：7～9㎝

解說：棲息於流速緩和的河川中～下游流域沙底河床中。主要以藻類為食，屬於雜食性。繁殖期為6～8月。體側有10～12個深色斑點形成一列。基因上和朝鮮鰍（*C. koreensis*）及斑紋鰍（*C. pumila*）相近。

鯉形目鰍科

多帶後鰭花鰍 *Cobitis multifasciata*（Wakiya & Mori, 1929）

分布：朝鮮半島南部的洛東江水系

體長：9～12㎝

解說：棲息於流動水域河川上游的石底河床，經常躲在岩石縫隙中。主要以藻類為食，屬於雜食性。其他分布於朝鮮半島的大部分鰍屬魚類，繁殖期都落在春～初夏，而本種則為11～3月。以前被分類為後鰭花鰍屬（*Niwaella*）及動鰍屬（*Kichulchoia*），但是最新的分子學研究Perdices et al.（2016）將其視為鰍屬（*Cobitis*）。

鯉形目鰍科

圓尾高麗鰍 *Koreocobitis rotundicaudata*（Wakiya & Mori, 1929）

分布：漢江等朝鮮半島中部

體長：16㎝

解說：棲息於流動水域淺水河川上游的小石及砂礫河床。主要以水生昆蟲及矽藻類為食，屬於雜食性。繁殖期為5～6月。雄魚的胸鰭是尖的。本屬中包含本種及分布於朝鮮半島南部的洛東江高麗鰍（*K. naktongensis*），兩者的外觀特徵都是黃褐色的身體，帶有深色的斑點。

鯉形目鰍科

北鰍 *Lefua costata*（Kessler, 1876）

雄成魚

雌成魚

分布：朝鮮半島、俄羅斯東南部、蒙古、中國北部

體長：4～5㎝

解說：棲息於水草多的泥底淺池、小溪及水田。主要以水生昆蟲及甲殼類等為食，屬於雜食性。繁殖期為4～6月。會在水底產下直徑1.5㎜左右的弱黏性魚卵。可由體色看出雌雄之分，雌魚整體呈黃褐色，身上散布著深色小斑點；雄魚則是在體側有一條深色縱帶。在日本屬於國外外來種，分布於長野縣、富山縣及山梨縣。

富山縣捕獲的北鰍　上：雄魚，下：雌魚

北鰍近年來移入日本的途徑

北鰍（*L. costata*）在日本屬於國外外來種，雄魚及幼魚體側有一條黑縱帶，雌魚沒有黑色縱帶，取而代之的是散布在身上的深色斑點。此外，不論雌雄，在尾鰭根部中央都會有菱形或三角形的深色斑點，外觀及生態上和短體北鰍（*L. nikkonis*）十分相似。

目前，日本國內的北鰍分布地區為富山縣、長野縣、山梨縣。1999年在富山縣的黑部川水系，「在富山縣發現短體北鰍！」的報告甚至一度成為話題。

北鰍移入日本的途徑可能是混在食用或是釣餌用的國外泥鰍中。雖然也有一些是當作觀賞魚購入，但是數量十分稀少。單就定著的統計數量來看，上述原因的可能性很高。

作為海外進口釣餌而在日本定著的物種，有俗名為「條紋長臂蝦」的中華小長臂蝦（*Palaemon sinensis*）。根據報告顯示，大鱗副泥鰍（*Misgurnus dabryanus*）及小黃黝魚（*Micropercops swinhonis*）也會混在這種「條紋長臂蝦」之中，海外產的淡水魚類由此入侵日本的可能性非常高。

今後，若北鰍的分布區域擴大，就會產生與日本的短體北鰍魚類形成競爭關係的疑慮。

原生種 — 短體北鰍

鯰形目鈍頭鮠科

朝鮮鮠 *Liobagrus andersoni* Regan, 1908

分布：朝鮮半島中～北部

體長：9㎝

解說：棲息於水質清澈的河川上游小石塊及岩石底部。夜行性。以水生昆蟲等為食，屬於肉食性。繁殖期為5～6月，會在石頭下產下卵塊。朝鮮半島南部還分布了中脂鮠（*L. mediadiposalis*）及牛頭鮠（*L. obesus*）2個物種，本種與他們的上下頜長度是相同的，不同之處在於胸鰭的硬棘內側1～3處具有不銳利的鋸齒。

鯰形目鈍頭鮠科

中脂鰊 *Liobagrus mediadiposalis* Mori, 1936

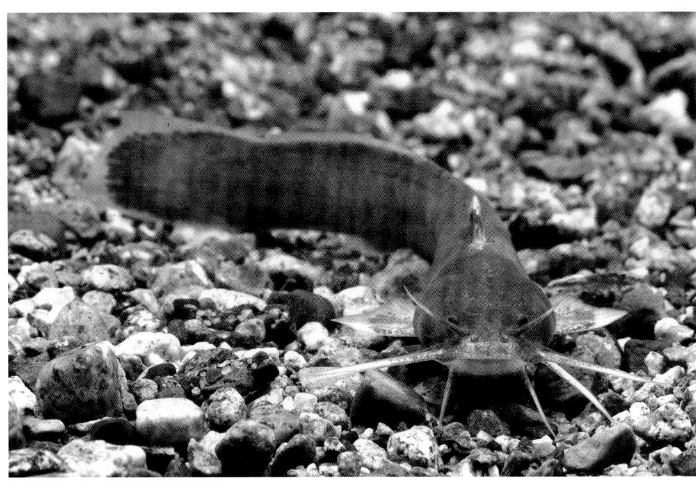

分布：朝鮮半島南部

體長：5～8㎝

解說：棲息於水質清澈的河川上游，會躲藏在岩石底下。特徵是下頜較上頜短，胸鰭的棘狀軟條內側4～6處有鋸齒。以水生昆蟲等為食，屬於動物食性。繁殖期為5～6月。產卵後，雄魚會保護卵塊。關於體型成長幅度，一年約4～6㎝，兩年約7～11㎝，三年可長到約12～13㎝。

鯰形目鯰科

小背鰭鯰 *Silurus microdorsalis*（Mori, 1936）

分布：鴨綠江以南的朝鮮半島

體長：23㎝

解說：棲息於河川上游水質清澈的砂礫及石底。以小魚及甲殼類為食，屬於肉食性。繁殖期為4～6月。在朝鮮半島，除了本種以外只有鯰（*S. asotus*）分布，本種的體型較細長，背鰭較小，鰭條數為3（少部分為4）（花鯰為4）。種名就是來自於牠的小背鰭。

鯰形目鱨科

朝鮮瘋鱨 *Tachysurus koreanus*（Uchida, 1990）

分布：朝鮮半島中～南部的西岸

體長：18～28㎝

解說：棲息於河川上～下游的岩石、砂礫、泥沙河床。以小魚、甲殼類、水生昆蟲等為食，屬於肉食性。夜行性。在5～7月的繁殖期間，會由若干隻魚成群，在河床的凹洞中產卵。體型比起其他棲息於朝鮮半島南部的鱨科魚類較細長，上頜的觸鬚長達胸鰭處，尾鰭的彎入幅度小。

鯰形目鱨科

瘋鱨 *Tachysurus fulvidraco*（Richardson, 1846）

分布：東岸以外的朝鮮半島、西伯利亞東南部～寮國及越南北部

體長：10～30㎝

解說：棲息於流速緩和的泥沙底河川中～下游流域。以甲殼類、水生昆蟲等為食，屬於肉食性。在韓國的繁殖期為5～7月。特徵是深褐色身體上的黃色「井」字形模樣。衰弱時全身會變成黃色。

鯰形目鱨科

烏蘇里瘋鱨 *Tachysurus ussuriensis*（Dybowski, 1872）

分布：朝鮮半島西北部、俄羅斯的興凱湖、黑龍江及烏蘇里江流域、松花江流域

體長：18㎝

解說：棲息於河川中～下游的泥沙底河床。以甲殼類及水生昆蟲等為食，屬於肉食性。夜行性，白天都躲在石頭底下。在韓國，繁殖期為5～6月。在幼魚時期，體態相對較圓潤，隨著成長身體會變得細長。外觀特徵還有不明顯的斑點，及胸鰭的棘狀軟條12～18處有鋸齒。

刺魚目棘背魚科

南方多刺魚 *Pungitius kaibarae*（Tanaka, 1915）

分布：朝鮮半島東岸、俄羅斯東南岸、日本近畿地方（滅絕）

體長：5㎝

解說：棲息於水草豐富、水質清澈的河川上～中游流域的小溪流、池沼。以水蚤、顫蚓等為食，屬於肉食性。繁殖期為5～8月。最近發表的東亞棘背魚類相關研究發現，棲息於大陸的本種與雄物型多刺魚在基因上是相近的。但是，仍無法確定日本與大陸的個體是否為同種，而且該物種在日本已滅絕，因此難以辨明。

日鱸目鱖科

朝鮮少鱗鱖 *Coreoperca herzi* Herzenstein, 1896

分布：朝鮮半島南部

體長：9～25㎝

解說：棲息於岩石多且水質清澈的河川上游流域。以魚類、甲殼類、昆蟲等為食，屬於肉食性。繁殖期為5～6月左右，會在岩石下產下大約直徑3㎜的卵。產卵後，雄魚會保護魚卵。日本的川目少鱗鱖（*C. kawamebari*）體長可達15㎝，而本種體型還可以更大。成魚身上散布著白點。2019年確認已移入九州。

日鱸目鮨科

斑鱖 *Siniperca scherzeri* Steindachner, 1892

分布：朝鮮半島西部、中國東北部～越南北部

體長：55 ㎝

解說：棲息於河川上～中游流域，岩石較多的地方。以魚類、甲殼類等為食，屬於肉食性。繁殖期為5～6月，會產卵在砂礫底的淺水處。棲息於漢江的本種黃化個體已被指定為保育類動物。

鰕虎目沙塘鱧科

斷紋沙塘鱧 *Odontobutis interrupta* Iwata & Jeon, 1985

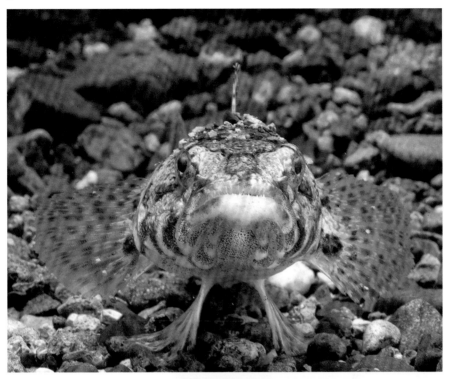

分布：錦江等朝鮮半島中西部

體長：9～14㎝

解說：棲息於河川中～下游流域。以魚類、甲殼類等為食，屬於肉食性。繁殖期為5～7月，會在岩石內側產卵，並由雄魚來保護魚卵。胸鰭根部有2條深色縱紋，體側有不規則斑紋，與背上的斑紋沒有相連，背部側邊有淺色的縱紋，可由頭部感覺管的狀態與其他兩種棲息於朝鮮半島的沙塘鱧科魚類（暗色沙塘鱧（*O. obsucura*）、平頭沙塘鱧（*O. platycephala*））做區分。

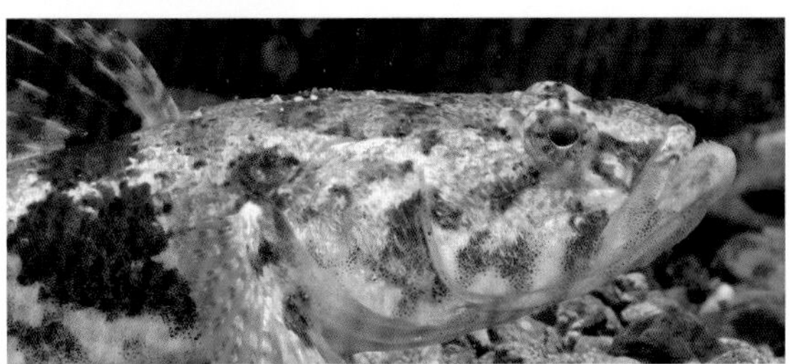

鰕虎目沙塘鱧科

平頭沙塘鱧 *Odontobutis platycephala* Iwata & Jeon, 1985

分布：朝鮮半島南部

體長：9～12㎝

解說：棲息於流速緩和，有石塊的砂礫底河川上～中游流域，隨著成長，會偏好水質清澈的地方。以魚類及水生昆蟲等為食，屬於肉食性。生態方面與日本的沙塘鱧相同。繁殖期為4～7月。夜行性。本種的胸鰭根部有模糊的斑紋，沒有明顯的分成2列，體側則有不規則斑紋，與背部的斑紋相連成馬鞍狀。可由頭部感覺管的狀態與其他２種棲息於朝鮮半島的沙塘鱧科魚類（暗色沙塘鱧（*O. obsucura*）、斷紋沙塘鱧（*O. interrupta*））做區分。為韓國特有種。

鰕虎目鰕虎科

褐吻鰕虎 *Rhinogobius brunneus*（Temminck & Schlegel, 1845）

分布：朝鮮半島、日本、中國

體長：5～7㎝

解說：棲息於河川中～下游流域及湖沼中。在韓國，本種有三個類型廣泛分布。特徵是臉頰上沒有花紋，但是有些小紅點。在韓國是使用「*R. brunneus*」這個學名，因此本書也一併採用，不過該物種的模式產地在日本的長崎，目前還無法明確指出牠是和哪種吻鰕虎相符，因此學名有變更的可能性。

韓國的水邊生物
～日本共通 & 大陸系生物多樣性～

棲息於韓國的生物之中（特別是兩棲類及爬蟲類）可以發現一些與日本共通的物種。長崎縣的對馬和朝鮮半島之間的距離約50km，因為對馬暖流經過的關係，氣候經年溫暖多雨，不僅是兩棲類及爬蟲類，朝鮮半島上的各種生物也都有受到影響。

說到受朝鮮半島（大陸系）影響的共通物種，在日本只能在對馬看見的朝鮮山赤蛙就是代表性的兩棲類物種。爬蟲類的話，有黑龍江草蜥、對馬滑蜥、紅斑蛇。對馬之外的地區，還有被認為是在與大陸相連的時代入侵日本的黑斑側褶蛙（*Pelophylax nigromaculatus*）。除了日本之外還有許多與大陸共通的物種，再加上韓國特有種及特有亞種，可說是維持了高度的生物多樣性。

例如，山椒魚的同類東北小鯢及赤蛙的同類等，都和日本本州的兩棲類相十分相似。棲地也都是集中在郊山至山邊的水源地，都市裡鮮少有機會遇到蛙類。

此外，存在著許多小型山椒魚的同類也是相似的特徵之一。在韓國，可以看見日本爪鯢的同類及東北小鯢等，和山椒魚種類繁多的日本屬於共通項目。

甲殼類的部分，有北海道及青森縣部分地區才能看見的日本黑螯蝦（*Cambaroides japonicus*）的近緣物種——朝鮮黑螯蝦。這些具有魅力及親切感的生物相讓韓國的水邊熱鬧了起來。

（文：關 慎太郎）

【與日本（對馬）共通的生物】

朝鮮山赤蛙
Rana uenoi

體型5～8㎝左右的蛙類，出沒於平地到山地的水田及濕地。2～4月會在平靜水域產卵。會「呱啦啦，呱啦啦」地叫。棲息於對馬的朝鮮山赤蛙，分布於朝鮮半島至俄羅斯。雖然會被當作是*Rana dybowskii*，不過近年的研究發現，棲息於對馬、朝鮮半島以及周邊的個體群和棲息於俄羅斯的是不同物種，因此取了新的學名為*Rana eunoi*。

黑龍江草蜥 ***Takydromus amurensis***

體型22～26㎝的草蜥，出沒於丘陵地至山地間。6～7月間產卵，比起草叢，在岩石地更常見。

對馬滑蜥 ***Scincella vandenburghi***

體型8～10㎝的蜥蜴，出沒於平地及山地的林道等處。會在落葉中利用滑溜的身體穿梭移動。於5～6月間產卵。

紅斑蛇
Dinodon rufozonatum rufozonotam

體型60～120㎝的無毒蛇。出沒於水田附近及森林中。夜行性，喜食蛙類。於6～7月間產卵。

【大陸系生物】

東北小鯢
Hynobius leechii

體型8～11㎝的山椒魚。棲息於中國東北部及朝鮮半島。平地到山地之間都能發現牠的蹤跡，會在平靜水域產卵。

金龜　***Mauremys reevesii***

體型20～30㎝的烏龜。棲息於日本部分地區，據傳是江戶時代由朝鮮半島帶入九州北部，再擴散至西日本的。

白條錦蛇　*Elaphe dione*

體型60～80㎝的蛇類。分布地區從朝鮮半島通過中國至中亞為止，因為範圍廣泛，所以有各式各樣的變異型態。於7～8月之間產卵，以鳥類及小型哺乳類為食。

桓仁林蛙
Rana huanrensis

體型4～5㎝的蛙類。分布於中國至韓國。於晚春～初夏時期會產卵於小溪流中。在中國被當作食用肉類及中藥材使用。

朝鮮黑螯蝦　*Cambaroides similis*

韓國特有種。體型5～8㎝的螯蝦。分布於韓國南部的清澈溪流。體型比日本黑螯蝦還大，棲息地的水溫稍微偏高。

香港　梧桐河　從上水眺望深圳的高樓

中　國

中華人民共和國（以下稱中國）的面積為960萬平方公里，是世界第四大的國家，南北距離約5,500km，東西距離約5,200km，幅員遼闊，因此也有許多河川。例如，主要的大河有流入俄羅斯國境的「黑龍江」、注入位於中國東北部遼東半島及山東半島的渤海的「黃河」、起源於西藏高原並流往東海的「長江」、流域遍及廣大中國東南部並由香港西側流出的「珠江」。珠江水系還包括了「西江」、「北江」、「東江」等大河，「西江」的上游包含了越南東北部。

剛剛介紹的河川都是流注於中國東岸的河川，不過往南側流的也有許多有名的河川。例如，在中國中南部，起源於青藏高原，往東南亞流的湄公河上游——「瀾滄江」及薩爾溫江上游的「怒江」，還有流往印度及孟加拉的「布拉馬普特拉河」。

目前為止，談論的都是水平方向，中國在垂直方向的廣度也是種特色。例如，「瀾滄江」的源頭——西藏高原就是平均標高4,500

〔MAP〕

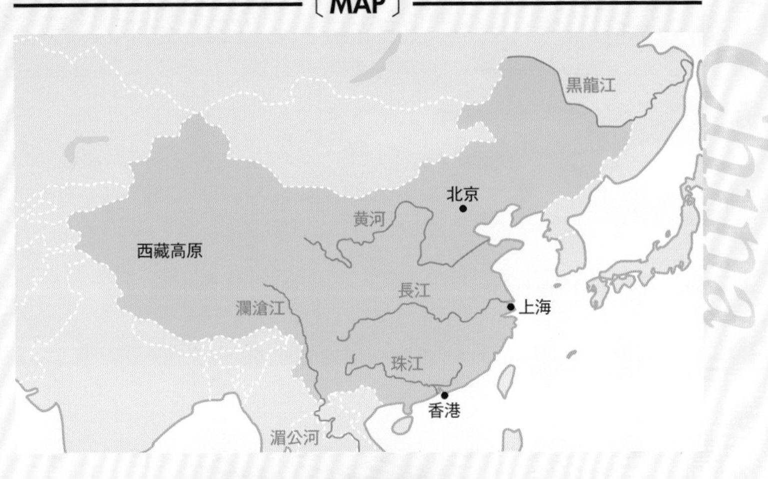

香港　梧桐河與日本河川中游相似的風景

m的高地，南邊為喜馬拉雅山脈，西邊為喀喇崑崙山脈，北邊則有崑崙山脈，被群山包圍著，環境和中國沿海的平原截然不同。理所當然的，因為是高海拔環境，所以水溫較低，棲息在那裡的也多為順應冷水環境而演化的魚類。

中國的氣候囊括了寒帶、亞寒帶、溫帶、亞溫帶、熱帶地區，北部及西部為乾燥氣候，其他地區較濕潤。沿著中國東岸中～北部的地區，氣候與日本非常相似。

現今的中國因為開發及汙染等環境問題嚴重，自然環境遭受破壞，導致生物面臨滅絕危機。在這樣的情況下，近年的魚類分類研究工作仍然積極地進行中，未整理的部分也還很多。因此，如同在2017年於四川省發現而造成話題的新種鰟鮍──細鱗華鰟鮍（*Sinorhodeus microlepis*）一樣，可能還有各式各樣連分類群都還不知道的魚類存在。期待在今後的中國能夠繼續發現其他未知的魚類。

梧桐河中游，人們戲水的地方

田野調查
～與麥氏擬腹吸鰍的相遇之旅～

一直到1997年以前，香港都還是英國的殖民地，回歸中國後變成了特別行政區，往來也變得更加便利了。香港島原本是與大陸連接的地方，生物相受到大陸的影響甚深。香港的地形為醒目的岩石表面，水分不容易滲透，過去曾有嚴重的缺水問題。香港沒有大條的河川，對日本而言的中型河川也屈指可數，只有一些從山下流下的小溪流。也因此，香港的魚類相並不怎麼豐富，根據1981年發行的《香港淡水魚類》刊物紀載，香港已確認的淡水魚類不超過40種。不過，除了這些魚類以外，還要再加上數不清的外來種，實際的數量不明。

為數不多的原生種之中，也有日本水族迷熟悉的魚種，如「麥氏擬腹吸鰍（*Pseudogastromyzon myersi*）」。雖然本種的日文名稱中包含了與南美鯰魚相同的名稱，但是兩者其實是不同的物種，本種實際上是鯉魚的近親。

鯉魚的種類十分豐富，從一般所說的鯉魚到泥鰍類等，有許多種變化。在日本經常會看到人們將麥氏擬腹吸鰍放在藻類茂盛的水族箱中清除青苔，那麼麥氏擬腹吸鰍究竟是棲息在什麼樣的環境中呢？筆者在2018年6月為了調查及拍攝包含魚類、兩棲類、爬蟲類等水邊生物，毅然踏上取材之旅（3天）。接下來，就來聊聊麥氏擬腹吸鰍的棲地及其他香港的自然魅力吧。

●第一天：溯溪

雖然晚上氣溫有稍微下降，但是白天在河川裡採集也會大量出汗，是帶有濕氣的炎熱感。為了預防中暑，必須攝取水分，但是採集地點在郊外，自動販賣機也十分稀少。由於班機抵達香港的時間很晚了，第一天就先安排了溯溪的調查行程。小溪中有幾處落葉堆積的地方，用手電筒照會發現有魚的動靜。輕輕將落葉撥開，可以看到快速逃竄的魚兒，若隱若現，少說也有數十隻。用雙手輕輕撈起一看，可以發現「平頭嶺鰍（*Oreonectes platycephalus*）」。看向水量更多的地方時，發現了身上有條紋的魚類。原來是「條紋南鰍（*Schistura fasciatus*）」。這種魚的好奇心很強（覺得應該是貪吃），只要把手放在水中一陣子牠們就會聚集過來。

這附近的中層沒有看見魚類在游泳，但是可以遇到日本沒有的「澤蟹未鑑定種（*Geothelphusa* sp.）」。

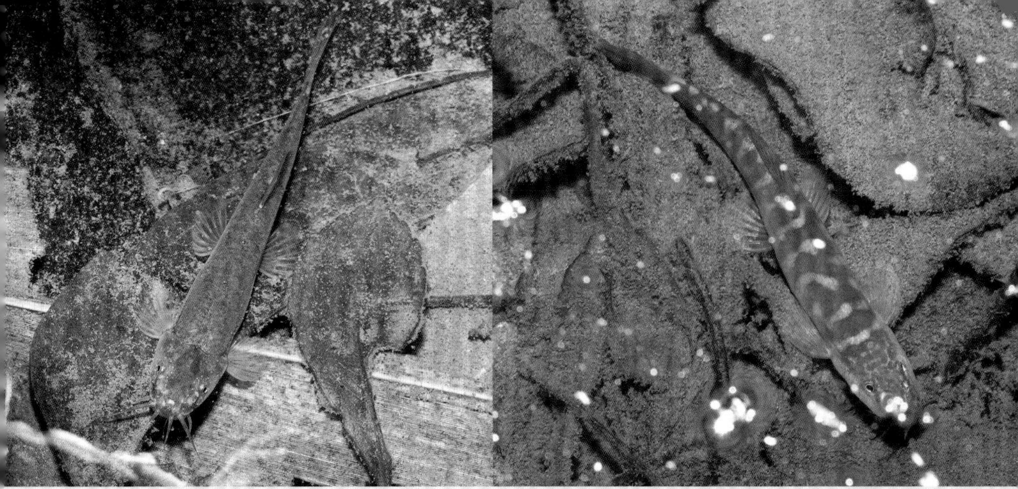

平頭嶺鰍
Oreonectes platycephalus
全長6㎝左右。夜間，可以在溪流的靜水區域中看見許多這種魚，是種非常親人的魚類。

條紋南鰍 *Schistura fasciatus*
全長7㎝左右。夜裡，可以在上游的靜水區看見牠們。是貪吃的魚類，會搶食作為餌食的沼蝦。

澤蟹未鑑定種 *Geothelphusa* sp.
約5㎝大。常見於河川上游落葉堆積處。帶紫的體色和緋紅色蟹鉗看起來很漂亮。

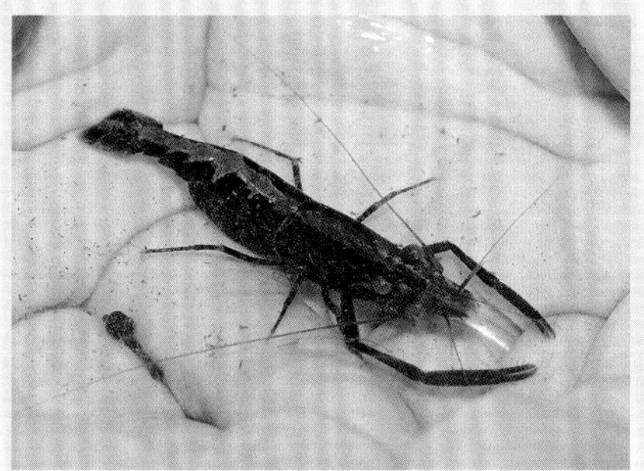

沼蝦 *Macrobrachium* sp.
約5㎝大。常見於河川上游落葉堆積處，身體帶有厚度，螯鉗短。

●第二天：山裡的沼澤

隔天造訪了山裡的池塘，當陽光從樹影間灑落時，水面上可以看見在中層悠游的魚兒身影。試著撒網，便捕捉到了「沼蝦（*Macrobrachium* sp.）」。或許是因為泡在褐色的水裡的關係，外型看起來沉穩內斂。這也是日本沒有的物種。

接下來在網中抓到的，本來以為是「蝌蚪」，結果竟然是鯰魚，而且仔細看發現是「越南隱鰭鯰（*Pterocryptis cochinchinensis*）」

接著抓到的是「大鱗副泥鰍（*Paramis-*

沼蝦 *Macrobrachium* sp.
約20㎝大。具有非常大的螯鉗。夜裡，可以在瀑布底下的潭水看到牠們活躍的身影。

越南隱鰭鯰的棲地環境

河川上游靜水區域的落葉堆積處。只有穿過樹影透下來的光線照射，是有點幽暗的褐色溪水。

越南隱鰭鯰
Pterocryptis cochinchinensis

全長10㎝左右的個體。在撈網撈起落葉中發現的。

越南隱鰭鯰

在瀑布下大水潭發現的個體。夜間會開始頻繁地活動，一度看到數條鯰魚游動的身影。

健行步道

郊山中設有健行步道，假日時遊人絡繹不絕。通往河川的路徑十分便利。

大鱗副泥鰍 *Paramisgurnus dabryanus*

全長12㎝左右。同樣出沒在越南隱鰭鯰棲息的河川中，是在落葉底下發現的。

gurnus dabryanus）」。長得很像日本的泥鰍，但是花色和體型稍有不同。

●第3天：河川中游

第三天終於來到了麥氏擬腹吸鰍棲息的河川進行調查。水量和深度都和日本河川中游相仿的梧桐河，相對來說更容易到達水邊。不過這裡沒有遮蔭處，只待了1小時就熱到受不了。但是，沿著河邊一看……有耶，真的有，

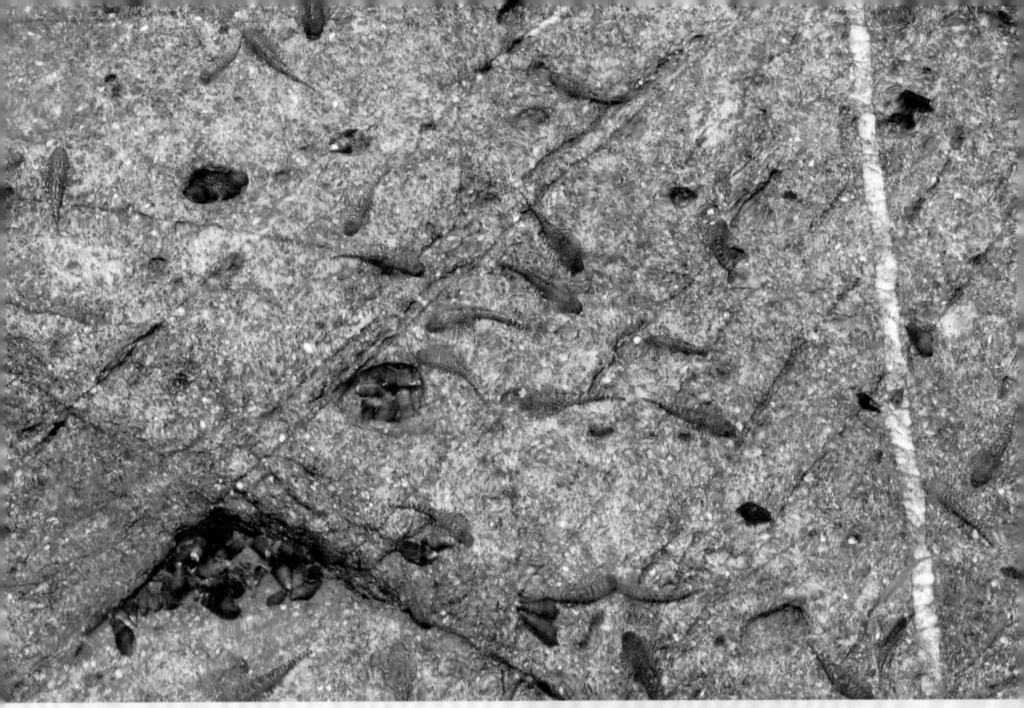

聚集在淺水處的麥氏擬腹吸鰍

在當地人員的帶領之下，終於找到麥氏擬腹吸鰍的聖地。麥氏擬腹吸鰍就這樣吸附在河川底部，即使腳踩進水裡，牠們也不太會逃跑，但是想要用手撈的時候又會很快地游走，有點難捕獲。

麥氏擬腹吸鰍
Pseudogastromyzon myersi

全長5㎝左右。吸附在河川底部，正享用著藻類。經常聚集在日光照射充足，青苔生長狀況良好的地方。身上的花紋也很多樣化。

經過的地方都看的到麥氏擬腹吸鰍。這裡水質很好，透明度也沒有問題，生物種類豐富。是喜歡田螺、溪蝦、蜻蜓等生物的少年們會憧憬的一片風景。

快速地放入魚網後，馬上就抓到了「麥氏擬腹吸鰍」。背上交錯的紅、黃花紋很漂亮，吸附在手上的感覺非常有趣。捕捉麥氏擬腹吸鰍時，其中混入了「吻鰕虎未鑑定種（*Rhinogobius* sp.）」，以及北江光唇魚（*Acrossocheilus beijiangensis*）的幼魚。雖然這些都是在日本看不到的魚類，但其實就是日本水族迷知道的光唇魚。

這次的田野調查是由7位住在香港的水族愛好家在當地陪同，當時釣到了他們口中稱為異鱲的「*Parazacco spilurus*」。牠和日本的馬口鱲一樣，尾巴根部都有一塊大黑斑，是香港代表性的物種。另外，也有釣到大條的北江光唇魚「（*Acrossocheilus beijiangensis*）」。長大的北江光唇魚雄魚鼻尖會出現追星，還會驅趕入侵自身領域的個體。

接著往河裡看，可以發現一些體型細長，長得像琵琶鼠的魚類混在麥氏擬腹吸鰍之中。

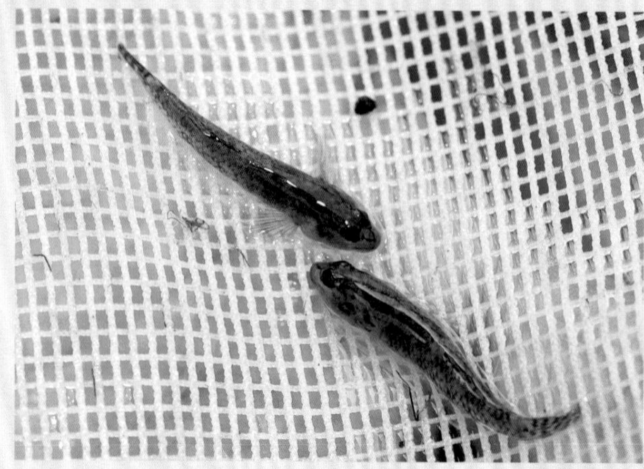

溪吻鰕虎
Rhinogobius duospilus

全長4㎝左右。雖然出現在與麥氏擬腹吸鰍相同的地方，但可能因為感受到麥氏擬腹吸鰍的威脅，所以都躲在河岸的礫石底下。

北江光唇魚*Acrossocheilus beijiangensis*與麥氏擬腹吸鰍

魚網伸到在有樹叢的河岸下游準備好，用腳一踢，就抓到了這2種魚。淺水處有許多光唇魚的幼魚。

馬口鱲
***Opsariichthys* sp.**

全長7㎝左右，難以用撈網捕捉，不過同行的魚類愛好者輕易地就幫我釣到了。看起來和日本的有點不一樣。

澤蟹 ***Geothelphusa*** **sp.**
約5㎝大小，在河川上游的岩石陰影處移動。大小和體色都和日本的河蟹相似。

異鱲 ***Parazacco spilurus***
全長約8㎝。具有在日本若有似無的獨特體型，相對較大，而且貪吃。

北江光唇魚 ***Acrossocheilus beijiangensis***
全長10㎝左右。超過10㎝時，臉部會突然改變，看起來非常兇猛。

腹吸鰍的近視
擬平鰍 ***Liniparhomaloptera disparis***
全長6㎝左右。混在麥氏擬腹吸鰍之中，出現在流速相對較快的淺水處，身體呈流線型。

牠們是「腹吸鰍的近親擬平鰍（*Liniparhomaloptera disparis*）」。用魚網撈起一看，可以發現牠的體型和麥氏擬腹吸鰍相比明顯較細長，身體也稍高。其中一位愛好家默默地用手網在捕撈蝦子，問了才知道原來他家裡有許多水族箱。雖然到了香港，做的卻是和筆者在日本一樣的事，覺得很開心。老實說，從觀光導覽中真的無法想像，在香港這個大都會之中，還保存著這樣的環境。

（文：關 慎太郎）

【謝辭】

由衷感謝對於本調查鼎力相助的在港日人：關口拓也、關口心悠、渡邊和哉、鍬田昌宏、鍬田海、村田貴紀、草間啟、水谷繼。

鯉形目鯉科鯉亞科

季氏金線鲃 *Sinocyclocheilus jii* Zhang & Dai, 1992

分布：廣西壯族自治區的柳江水系

體長：16㎝

解說：本屬包含眼睛退化、體色變白的洞穴魚，整個群組以中國為中心，目前已知有69種。形態上也有許多特徵，一部分的魚種頭部正後方的背部是隆起並往前突出的。整個群組內幾乎沒有關於活體的資訊。嘴巴位置偏低，以小型底棲生物為食。本種也是洞穴魚。

鯉形目鯉科白甲魚屬

粗鬚白甲魚 *Onychostoma barbatum*（Lin, 1931）

分布：廣東省、廣西壯族自治區

體長：18㎝

解說：棲息於流動的山間溪流。為了啃食附著在岩石上的藻類，口部形態有特殊演化。在東亞及東南亞已知有23種。本屬大多具有細長體型，多數在體側中央也都有一條深色縱帶，因為形態相似所以很難鑑定。性情強勢，領域性強。

鯉形目鯉科光唇魚屬

薄頜光唇魚 *Acrossocheilus kreyenbergii*（Regan, 1908）

分布：中國南部

體長：16 ㎝

解說：棲息於水質清澈，岩石多的沙底河川中。幾乎沒有什麼生態上的情報，但是在棲息地的個體數似乎不少。根據水族箱內的觀察，偏好冷凍紅蟲等動物性餌料，因為口部偏下方，因此推測在自然環境中是以小型底棲生物為食。

鯉形目鯉科光唇魚屬

側條光唇魚 *Acrossocheilus parallens*（Nichols, 1931）

分布：中國南部

體長：20㎝

解說：棲息於水質清澈，岩石較多的溪流中。以附著藻類及底棲生物為食，屬於雜食性。雖然會吃附著藻類，但是和白甲魚屬（*Onychostoma*）不同，口部沒有為了吃藻類而有特殊的演化形態。本屬以中國南部為中心的群組已知有26種，特徵是體側的橫帶。成熟雄魚身上的橫帶會消失，體側呈現出一條縱帶。與進口至日本的鲃亞科魚類之中的（*A. labiatus*）一樣，被當作一般「中國產光唇魚」販賣。

鯉形目鯉科光唇魚屬

溫州光唇魚 *Acrossocheilus wenchowensis* Wang, 1935

分布：中國南部

體長：16㎝

解說：幾乎沒有生態上的情報，推測與其他光唇魚屬（*Acrossocheilus*）魚類大致相同。模式產地在中國的溫州，因此種名被命名為*wenchowensis*（=Wenzhou）。幼魚體側會有6條橫帶，隨著成長，雄魚的橫帶會消失，變成1條深色的縱帶。

鯉形目鯉科棘鲃屬

喀氏倒刺鲃 *Spinibarbus caldwelli*（Nichols, 1925）

分布：中國東南部、越南、寮國

體長：33㎝

解說：棲息於水質清澈的河川中。以水生昆蟲及小魚為食，除此之外也會吃藻類，屬於雜食性。繁殖期為4～6月，會在水草上產下黏性卵。又稱作黑脊倒刺鲃是因為背鰭邊緣點綴著黑色。本種在過去被認為是分布於台灣的何氏棘鲃（*S. hollandi*）的同物異名,不過本種的側線鱗列數為22～26，相較之下，何氏棘鲃為26～29，稍微多一些，在基因上也有明顯的差異。

鯉形目鯉科棘鲃屬

鋸齒棘鲃 *Spinibarbus denticulatus* Oshima, 1926

分布：中國東南部、越南、寮國

體長：40㎝

解說：棲息於相對較大的河川中。以藻類及水草等為食，屬於草食性。繁殖期為4～6月。成為成魚之後，頭部、腹部以及各個魚鰭會變成紅色。照片中的個體為8㎝左右的幼魚。Yue et al.（2000）將本種分為3個亞種，包括分布於沅江及海南島的鋸齒棘鲃（*S. d. denticulatus*）、分布於雲南的雲南棘鲃（*S. d. yunnanensis*），以及分布於珠江上游的多鱗棘鲃（*S. d. polylepis*）。近來因為濫捕、汙染、水壩開發等因素造成個體數減少，特別在越南，已被列入越南的紅皮書名錄中。

鯉形目鯉科結魚屬

爪哇結魚 *Tor douronensis*（Valenciennes, 1842）

分布：中國南部、東南亞

體長：30㎝

解說：棲息在流速緩和的河川中。雜食性。在印尼是被視為「神之魚」的神聖魚類。分布於中國南部的結魚*Tor*屬有11種，其中包括黃鰭結魚（*T. putitora*）及似野結魚（*T. tambroides*）等東南亞及南亞的共通種。本屬魚類中許多可超過1m，本種屬於小型類別。照片中為幼魚。

鯉形目鯉科結魚屬

中國結魚 *Tor sinensis* Wu, 1977

分布：以中國雲南省為中心的湄公河流域

體長：47㎝

解說：棲息於水質清澈，流速緩和的河川中。以水生昆蟲、甲殼類、藻類及偶爾落下的果實為食，屬於雜食性。繁殖期為7～9月左右，會產卵在砂礫河床上。照片中為幼魚。

鯉形目鯉科野鯪亞科

倫氏孟加拉鯪 *Bangana rendahli*（Kimura, 1934）

分布：長江上游流域

體長：33㎝

解說：棲息於底部多礫石，水流清澈的河川中。主要以附著藻類為食，屬於雜食性，會啃食岩石上的藻類。在繁殖期間，雄魚的吻部會出現許多追星。以藻類為食的魚類會棲息於適合藻類生長的環境，因此本種的棲地也是水質清澈沒有優養化且光線可以穿透至底層的環境。

鯉形目鯉科野鯪亞科

鯪魚 *Cirrhinus molitorella*（Valenciennes, 1844）

白化症個體

分布：自然分布地區為中國東南部～印尼半島。目前在台灣、馬來西亞等地也有移殖。

體長：15～50㎝

解說：棲息於流速緩和的河川中。主要以藻類為食，屬於雜食性，會啃食附著在岩石上的藻類。繁殖期為4～9月。頭部後方深色鱗鞘部分聚集了橫長的深色斑狀部分，可以馬上辨別出來。流通名稱為「鯪魚」，也是台灣使用的名稱。中國除了本種之外，也有從印度引入卷鬚鯪（*C. cirrhosus*），並進行養殖。

鯉形目鯉科野鯪亞科

盤鮈屬未鑑定種 *Discogobio* sp.

分布：中國

體長：7㎝（照片中的個體）

解說：和溫泉醫生魚（*Garra rufa*）相近的魚類。主要以藻類為食，屬於雜食性，會啃食附著在岩石上的藻類。飼養在水族箱內可以餵食鼠魚用的錠狀飼料及赤蟲等。偶爾會進口至日本，以「中國唇鯪」這個名稱販售。本屬在中國及越南已知的有大約16種左右。

鯉形目鯉科野鯪亞科

東方墨頭魚 *Garra orientalis* Nichols, 1925

分布：中國東南部

體長：10～18㎝

解說：棲息於山中流動的砂礫底河川中，經常看見其以口部腹側正後方吸盤狀的器官吸附在岩石上的樣子。主要以藻類為食，屬於雜食性，會啃食附著在岩石上的藻類。雄魚額頭朝前突出，繁殖期間會以額頭及吻部為中心，出現許多追星。

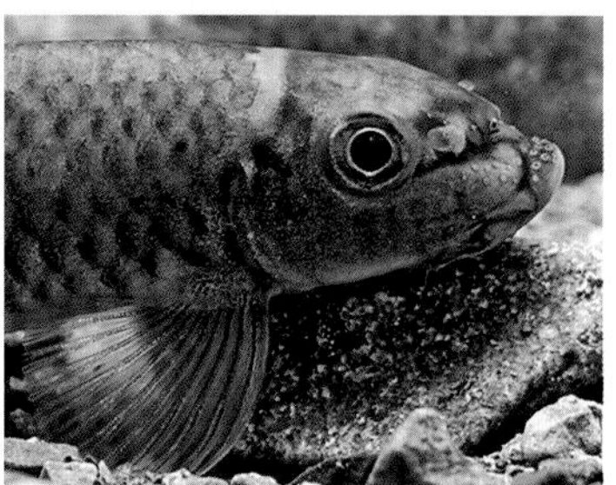

鯉形目鯉科野鯪亞科

卷口魚 *Ptychidio jordani* Myers, 1930

分布：珠江流域

體長：30㎝

解說：棲息於水質清澈的砂礫底河川中。以藻類、水生昆蟲、甲殼類等為食，屬於雜食性。口部周圍有許多紫藤花般的串狀突起，他們會靈巧地使用這個構造獲取餌食。目前因為濫捕及水壩開發等因素而造成個體數減少。雖然在台灣也有紀錄，但是可信度令人存疑。本屬中已知有3種。

鯉形目鯉科野鯪亞科

直口鯪屬未鑑定種 *Rectoris* sp.

分布：中國南部

體長：12㎝

解說：被當作唇鯪屬的魚類從中國南部進口，本種的背鰭分枝軟條數量沒有超過10，而是8，因此判定不是唇鯪屬的同類。雖然詳細的口部構造並不清楚，但是從吻冠及吻鬚的樣子可以判斷是本屬。

鯉形目鯉科裂腹魚亞科

黃河魚 *Chuanchia labiosa* Herzenstein, 1891

分布：黃河上流域

體長：15〜20 ㎝

解說：棲息於海拔3000〜4300m的高地，流速緩和區域的冷水性魚類。以藻類、水生脊椎動物為食，屬於雜食性。繁殖期為5月左右，會產下黃色的黏性卵。沒有觸鬚，除肩帶等處散布著不規則的鱗片之外，其他部分都沒有鱗片。因為濫捕及開發等因素而有個體數減少的情況，在中國的紅皮書名錄中已被列入瀕危（EN）物種。

鯉形目鯉科裂腹魚亞科

青海湖裸鯉 *Gymnocypris przewalskii*（Kessler, 1876）

分布：青藏高原東北部的青海湖水系

體長：40㎝

解說：棲息於湖泊及其支流中。在4～7月的繁殖期間會進行洄游，移動至河川上游的砂礫底處產卵。孵化出來的仔魚會在河川中過冬，再回到湖泊中。以藻類、水生脊椎動物為食，屬於雜食性。青海湖是含有0.6%左右鹽分的鹹水湖，因此本種也是耐鹽水的魚種。在中國的紅皮書名錄中被列為易危（VU）物種。

鯉形目鯉科裂腹魚亞科

秉氏鱸鯉 *Percocypris pingi*（Tchang, 1930）

分布：中國南部的雲南

體長：40 ㎝

解說：棲息於湖泊及大河川中，以小魚等為食，屬於肉食性。繁殖期大約在春天。本屬包括棲息於長江上游金沙江的*P. pingi*、棲息於南盤江的雷根鱸鯉（*P. regani*）、薩爾溫江及湄公河上游的怒江及瀾滄江的張氏鱸鯉（*P. tchangi*）這3種，除此之外，怒江及珠江上游據說分別還有其他未記載的物種存在。已知的3種可由身體的背鰭及腹鰭的相對位置做區別。在中國有進行養殖，目前被列為中國紅皮書名錄的瀕危（EN）物種。

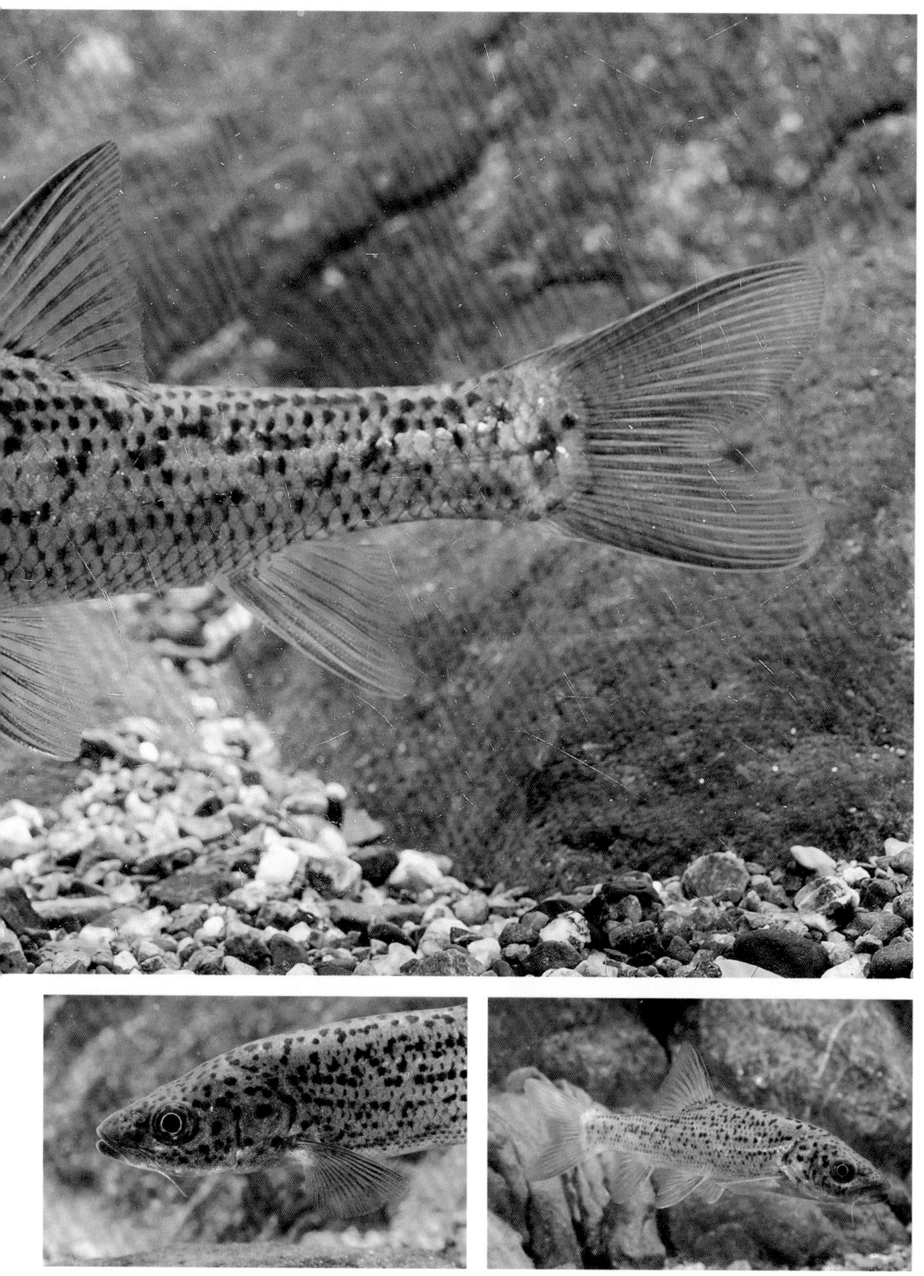

鯉形目鯉科裂腹魚亞科

裂腹魚亞科未鑑定屬種 *Schizothoracinae* gen. sp.

分布：中國

體長：18cm（照片中個體）

解說：屬於裂腹魚亞科，但無法鑑別至屬與種，分布範圍包含東亞至南亞的山區，在中國已知的約有10屬80種左右，需由咽頭齒列、有無觸鬚、被鱗區域等作區別，因此許多物種乍看之下很難辨別。此魚種屬於冷水性魚類，棲息於山間及高地。許多會變成大型魚，因此在當地為重要的漁獲。

在中國的鰟鮍魚類

加上2017年發表的新屬新種──細鱗華鰟鮍（*Sinorhodeus microlepis*），中國分布了4屬約37種的鰟鮍，其中還有許多特有種。世界上的鰟鮍類種數為84種，棲息於中國的就佔了近半數，中國簡直就是鰟鮍天國。而且，進口至日本國內的中國產鰟鮍之中還有無法分辨種別的鰟鮍，如此一來，分布於中國的鰟鮍種數又會增加了吧。喜愛鰟鮍的釣客之中，還有人特別到中國就是為了釣鰟鮍，當地鰟鮍的鮮艷色彩真的非常迷人。接著，就來介紹這些中國的鰟鮍吧。

水流靜止處可以看見鰟鮍的魚類　香港

鯉形目鯉科鱊亞科

大鰭鱊 *Acheilognathus macropterus*（Bleeker, 1871）

分布：黑龍江水系～越南北部。亦有移殖至日本。

體長：8～12㎝

解說：棲息於流速緩和的河川下游及溝渠、池塘等處。以小型甲殼類及水生昆蟲、附著藻類等為食，屬於雜食性。於4～6月的繁殖期間會在雙殼貝類中產卵。在日本是於9月左右產卵，在中國的繁殖期可能更長一些。屬於中國最大的鰟鮍種類之一，是很常見的魚種。因為分布區域廣，所以可能有隱蔽種存在。

鯉形目鯉科鱊亞科

廣西鱊 *Acheilognathus meridianus*（Wu, 1939）

分布：中國南部的珠江流域、越南北部

體長：5～10㎝

解說：棲息於水流清澈和緩，水草茂密的砂礫底河川中。和棲息於日本的縱帶鱊（*A. cyanostigma*）一樣，鰓蓋稍微後方有1處青綠色的斑點，從那裡開始往尾鰭方向延伸有一條青綠色的縱條，因此，日文名稱直譯為「中國一文字鱊」。在中國也會被當作是副鱊屬魚類（*Paracheilognathus*）。日本的進貨量並不多。

鯉形目鯉科鱊亞科

越南鱎 *Acheilognathus tonkinensis*（Vaillant, 1892）

分布：中國東南部、越南北部、寮國

體長：9㎝

解說：棲息於流速緩和的河川及溝渠中。和大鰭鱊（*A. macropterus*）一樣是種大型化的鰟鮍，和大鰭鱊相比鰭條數較少，背鰭的分枝鰭條數為10～14，臀鰭的分枝鰭條數為9～11。出現婚姻色的雄魚身體前半部會染上紅色，魚尾根部也會帶點紅色，非常美麗。背鰭及臀鰭的棘狀軟條質地粗硬。屬於進口量大的鰟鮍，也有在販售白化個體。

鯉形目鯉科鱊亞科

鱊屬未鑑定種 *Acheilognathus* spp.

鱊屬未鑑定種①

體長6cm（照片中個體）。全身呈淡淡的青綠色，背鰭及尾鰭的前端帶點紅色，臀鰭尾端邊緣為白色。

鱊屬未鑑定種②

體長6cm（照片中個體）。全身呈淡淡的青綠色，體側後方有條青綠色的縱條。此外，腹鰭的前緣及臀鰭邊緣為白色。

鱊屬未鑑定種③

體長6cm（照片中個體）。來自位於湖北省東部的武漢的鰟鮍。因為是雌魚，所以體色的基調為銀色。

鱊屬未鑑定種④

體長7cm（照片中個體）。被認為與鬚鱊（*A. barbartus*）相近。腹鰭前緣及背鰭、臀鰭有白色邊緣點綴。

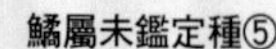

鱊屬未鑑定種⑤

體長5cm（照片中個體）。體側後方有1條青綠色的縱條，特徵是臀鰭上的黑色帶狀紋路及白邊。

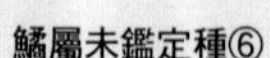

鱊屬未鑑定種⑥

體長6cm（照片中個體）。全身顏色偏紅，特徵是較大的背鰭及臀鰭。2018年以中國鰟鮍sp. RedLine 之名進口至日本。

分布：中國

解說：鱊屬（*Acheilognathus*）在東亞分布了36 種及 8 個亞種，其中分布於中國的大約有20 種。或許是因為中國的鱊屬魚類捕食壓力較高，所以和分布於日本的鰟鮍相比，背鰭和臀鰭的不分枝軟條都非常堅硬，因此日文中又被稱為「棘鰟鮍」。鱊屬魚類之中有許多像越南鱊（*A. tonkinensis*）這樣色彩鮮艷的物種，因此具有高度觀賞價值的物種也很多。不過，像大鰭鱊（*A. macropterus*）及高體鰟鮍（*Rhodeus ocellatus ocellatus*）這種外來魚種入侵造成威脅的情況也不少。

鯉形目鯉科鱊亞科

方氏鰟鮍 *Rhodeus fangi*（Miao, 1934）

分布：珠江、長江流域

體長：5㎝

解說：棲息於流速緩和的河川及湖沼淺水處。繁殖期在春天左右。體側的青色縱條從背鰭正下方再往前 3～4 片魚鱗處開始往後延伸。其特徵是雄魚的婚姻色為背鰭前方有紅邊，臀鰭則是紅色帶狀及黑邊。顏色與棲息於日本的史氏鰟鮍（*R. smithii smithii*）相近。

鯉形目鯉科鱊亞科

高體鰟鮍 *Rhodeus ocellatus ocellatus*（Kner, 1866）

分布：中國東部、朝鮮半島、台灣。亦有移殖至日本等地。

體長：5～7㎝

解說：棲息於流速緩和的河川、湖泊、池塘、溝渠等處。以浮游動物、小型水生昆蟲、藻類等為食，屬於雜食性。繁殖期介於春天～夏末，會在蚌科的雙殼貝類中產卵。分布區域甚廣的本種在遺傳方面可分為6個群組。

鯉形目鯉科鱊亞科

石台鰟鮍 *Rhodeus shitaiensis* Li & Arai, 2011

分布：安徽省

體長：5㎝

解說：棲息於水草豐富、水流緩和的泥沙底河川及池沼中。喜食藻類，屬於雜食性。體側的青色縱條未達背鰭正下方。

鯉形目鯉科鱊亞科

鰟鮍屬未鑑定種 *Rhodeus* sp.

分布：中國

體長：5㎝（照片中個體）

解說：歐亞大陸可分為東部及西部，鰟鮍屬（*Rhodeus*）在其中分布了15種及4個亞種。而其中的12種及1個亞種都分布於中國。2018年作為觀賞魚進口至日本的這個個體並沒有詳細資訊，這邊便以sp.記載。

鯉形目鯉科鱊亞科

細鱗華鰟鮍 *Sinorhodeus microlepis* Li, Liao & Arai, 2017

分布：四川省長江支流

體長：4～6㎝

解說：棲息於流速緩和，含砂礫的泥底河川中。相同棲地之中也包含了高體鰟鮍（*Rhodeus ocellatus ocellatus*）。繁殖期為3～10月會在台灣蜆（*Corbicula fluminea*）這種雙殼貝類中產下10～15個淚滴型的魚卵。孵化的仔魚帶有翼狀突起。具有觸鬚，側線不完全。2017年被列為新物種鰟鮍，當時也作為觀賞魚類進口至日本。雄性成魚的婚姻色為鮮艷的紅色，所以又被稱為「火山鰟鮍」。

鯉形目鯉科鱊亞科

齊氏田中鰟鮍 *Tanakia chii*（Miao 1934）

分布：浙江省、江蘇省、安徽省、福建省

體長：5～7㎝

解說：棲息於流速緩和的河川中。以水生昆蟲、甲殼類、藻類等為食，屬於雜食性。繁殖期為春天至夏天，會在*Pseudodon omiensis*等蚌科的雙殼貝類中產卵。以前多將其視為棲息於台灣的革條田中鰟鮍（*T. himantegus*）的亞種，但是現在在中國已被視為種，因此這裡也遵循了同樣的分類方式。

鯉形目鯉科鱊亞科

矛形田中鰟鮍 *Tanakia lanceolata*（Temminck & Schlegel, 1846）

分布：中國東北部、朝鮮半島西部、日本

體長：10～13㎝

解說：棲息於水流和緩、水草茂盛的河川、湖泊、池塘、溝渠等處。主要以水生昆蟲、甲殼類、藻類等為食，屬於雜食性。繁殖期為3～8月左右，會在背角無齒蚌（*Sinanodonta woodiana*）等蚌科雙殼貝類中產卵。這個個體是從中國進口的，矛形田中鰟鮍的分布雖然是在朝鮮半島西部、日本，但是中國遼寧省也有紀錄，推測與朝鮮半島接近的中國東北部也有分布。

鯉形目鯉科鮈亞科

棒花魚 *Abbottina rivularis*（Basilewsky, 1855）

分布：中國、俄羅斯東南部、朝鮮半島、日本。亦有移殖至湄公河
體長：8～10㎝

解說：棲息於河川中～下游及與其相連的水路。繁殖期為4～6月左右，會在流速緩和的泥底河川中產卵。該個體是由中國進口，雖然在生態方面與西日本的棒花魚差別不大，但是給人體型較大的印象。根據最新的研究發現，廣泛分布於東亞的棒花魚在遺傳方面似乎可分為4個系群（日本原生、大陸南部①、大陸南部②、大陸北部），其中棲息於日本的包括日本原生及大陸南部系群。該個體與黃河～黑龍江南部及日本九州北部及關東地區發現的大陸南部系群相同。

鯉形目鯉科鮈亞科

疑似細體羅馬諾鮈 *Romanogobio* cf. *tenuicorpus*（Mori, 1934）

分布：黑龍江水系及灤河水系等中國東北部、哈拉哈河等蒙古東部

體長：13㎝

解說：棲息於流動的河川中。雖然沒有關於食性的情報，不過在水族箱內喜歡赤蟲等動物性餌料。不像似鮈屬（*Pseudogobio*）那樣腹部貼地，而是像䱻屬（*Hemibarbus*）等魚類一樣在底層游泳，是日本沒有的類型。有1對明顯的觸鬚，口唇並不發達，周圍也沒有乳突狀構造。日本鮮少進口。本屬有18種分布在歐亞大陸，其中3種分布於中國東北部。

鯉形目鯉科鮈亞科

小鰾鮈屬未鑑定種 *Microphysogobio* sp.

分布：中國

體長：9㎝（照片中個體）

解說：本種是由中國進口，詳細資訊不明。在水族箱中的樣貌和長吻似鮈（*Pseudogobio escocinus*）相同。鮈亞科在歐亞大陸已知約有30屬200種，是個非常大的群組，雖然生態方面有底棲性及游泳性等各種型態，但是都是依靠著河底生活。

鯉形目鯉科鮈亞科

花鱛 *Hemibarbus maculatus* Bleeker, 1871

分布：黑龍江～長江

體長：25～45㎝

解說：棲息於流速緩和的河川中。以水生昆蟲、甲殼類、貝類、小魚、藻類等為食，屬於雜食性。繁殖期為4～6月，會在水草茂密的淺水處產卵。雄魚的吻部會出現許多追星。生態方面與日本的鱛屬魚類（*H. barbus*）及高麗鱛（*H. barbus*）相同。和高麗鱛一樣下唇的皮芽不發達，體側有不規則的黑點。種名也是以此命名，《滿州魚類誌》中有胡麻斑鱛、斑入鱛等日文名稱（直譯）。在中國為一般的鱛魚同類。

鯉形目鯉科鮈亞科

長麥穗魚 *Pseudorasbora elongata*（Wu, 1939）

分布：長江下流域、西江

體長：12㎝

解說：棲息於山裡的河川。幾乎沒有生態情報，但是在水族箱內會吃赤蟲。體側有1條深色縱帶，體背有4條細褐色縱帶。乍看像是赫茨扁吻鮈（*Pungtungia herzi*），分子系統解析也顯示是扁吻鮈的姊妹種，但是卻被分類為麥穗魚屬（*Pseudorasbora*），是在分類學上有點問題的1個物種。

鯉形目鯉科鮈亞科

黑鰭鰁 *Sarcocheilichthys nigripinnis nigripinnis*（Günther, 1873）

分布：黃河、長江、珠江、閩江等

體長：13㎝

解說：棲息於流速緩和的河川中游流域。以水生昆蟲、甲殼類、貝類、小魚、藻類等為食，屬於雜食性。在3～5月繁殖期間，雄魚的吻部會出現許多追星，頭部及胸鰭會變染上橘色，尾鰭也會變黃。雌魚會在雙殼貝類中產下直徑2㎜左右的卵。分布於朝鮮半島的森氏黑鰭鰁（*S. n. morii*）已併入本種中。種名為「黑鰭」的意思。

鯉形目鯉科鮈亞科

小鰁 *Sarcocheilichthys parvus* Nichols, 1930

分布：長江～珠江為止的中國東部

體長：7㎝

解說：棲息於水質清澈，有大顆礫石的山中小溪流。以水生昆蟲、甲殼類、貝類、藻類等為食，屬於雜食性。進入繁殖期間，雄魚體側的縱帶會消失，體側中央會出現帶點金屬綠的深色斑點。和其他鰁類一樣會在雙殼貝類中產卵。在鰁類之中屬於小型種，種名也是以此命名，是拉丁文中「小」的意思。

鯉形目鯉科鮈亞科

華鰁 *Sarcocheilichthys sinensis* Bleeker, 1871

分布：黑龍江流域的中國、蒙古及朝鮮半島北部

體長：12～25㎝

解說：棲息於流速緩和的河川中，在中～下層游泳。以水生昆蟲、甲殼類、貝類、藻類等為食，屬於雜食性。在3～5月繁殖期間，會在雙殼貝類中產下直徑2㎜左右的卵。淡褐底色上有深褐色縱帶的花紋為其特徵，本種偶爾會作為觀賞用魚進口至日本。在中國為一般常見的鰁魚同類。

鯉形目鯉科鮈亞科

點紋銀鮈 *Squalidus wolterstorffi*（Regan, 1908）

分布：黃河、長江、珠江、閩江等

體長：9㎝

解說：以水生昆蟲、藻類等為食，屬於雜食性。繁殖期為4～5月，外觀上的特徵為1對與眼徑等長或更長的觸鬚，側線鱗列數為37以下，側線上方排列著橫向的「八」字圖案。照片中的個體混在其他中國魚類中一起進口至日本的。中國除了本種之外，還有銀鮈（*S. argentatus*）這種常見的種類。

鯉形目鯉科鯝亞科

圓吻鯝 *Distoechodon tumirostris* Peters, 1881

分布：黃河～珠江的中國東部、台灣

體長：20～30㎝

解說：棲息於河川及湖泊。以附著藻類、植物碎片、水生昆蟲等為食，屬於雜食性。吻部朝前突出，口部演化成便於刮取岩石上藻類的構造。在4～5月繁殖期間會聚集至淺水處產卵。是漁業養殖的魚種。

鯉形目鯉科鯝亞科

鱤魚 *Elopichthys bambusa*（Richardson, 1845）

分布：俄羅斯東南部～越南北部為止的東亞東部

體長：60㎝～2m

解說：棲息於大河川及湖泊中，喜歡相對溫暖的水域。主要以魚類為食，屬於肉食性，食量大且性格凶暴。在4～6月繁殖期間會產下具有浮力的漂流卵，魚卵會順著水流漂流並孵化。具有游泳能力，可以在水中快速地來回游動。成魚身體腹部側，包含臉頰的部分會變成黃色，因此又被稱作黃頰。進口至日本時也以中文名稱「鱤魚」作為商品名。

鯉形目鯉科鯝亞科

草魚 *Ctenopharyngodon idella*（Valenciennes, 1844）

分布：中國東部。經移殖分布至世界各地

體長：50㎝～1m

解說：棲息於大河川及湖泊。成魚以藻類及植物為食，屬於草食性，但是仔稚魚及幼魚也會吃浮游動物。在4～6月的繁殖期間會產下具有浮力的漂流卵，魚卵會順水漂流並孵化。名列「中國四大魚」，亦有移殖至世界各地。在日本會將其他淡水魚產卵的水草吃掉，造成生態上的侵害，因此被日本的環境省列為應注意外來物種。1878～1955年間曾以除草、食品、釣魚為目的被重複地引進日本。

幼魚

鯉形目鯉科鯝亞科

鰱魚 *Hypophthalmichthys molitrix*（Valenciennes, 1844）

分布：黑龍江～西江為止的東亞東部。經移殖分布至世界各地

體長：50㎝～1m

解說：棲息於大河川及湖泊。成魚以浮游植物為食，但是仔稚魚及幼魚也會吃浮游動物。在4～6月的繁殖期間會產下具有浮力的漂流卵，魚卵會順水漂流並孵化。名列「中國四大魚」，亦有移殖至世界各地。1878年混在草魚（*Ctenopharyngodon Idella*）的魚苗中被引進日本。6～7月在日本的利根川可以看見牠們跳躍的身姿。

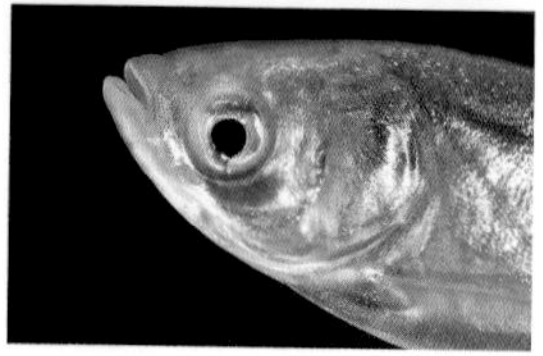

鯉形目鯉科鯝亞科

鱅魚 *Hypophthalmichthys nobilis*（Richarclson, 1845）

分布：中國南部、越南、寮國。經移殖分布至世界各地

體長：50㎝～1ｍ

解說：棲息於大河川及湖泊。成魚以浮游動物為食。在4～6月的繁殖期間會產下具有浮力的漂流卵，魚卵會順水漂流並孵化。名列「中國四大魚」，亦移殖至世界各地。1878年混在草魚（*Ctenopharyngodon idella*）的魚苗中被引進日本。目前在日本個體數已減少許多，在霞浦湖也幾乎看不見這種魚類的蹤影。

鯉形目鯉科鯝亞科

青魚 *Mylopharyngodon piceus*（Richardson, 1846）

分布：黑龍江～越南北部。經移殖分布至世界各地

體長：50㎝～1ｍ

解說：棲息於大河川及湖泊。成魚主要以貝類為食，仔稚魚及幼魚則是吃浮游動物及水生昆蟲。繁殖期為4～7月。1878～1943年間混在草魚（*Ctenopharyngodon idella*）的魚苗中被引進日本。在霞浦湖的個體數已減少許多，幾乎看不見此魚種的蹤跡。因為會吃掉鰟鮍魚卵著床的貝類，可能對環境造成影響。已被列為應注意外來物種。

鯉形目鯉科鯝亞科

鰲條 *Hemiculter leucisculus*（Basilewsky, 1855）

分布：黑龍江水系～包含朝鮮半島的越南北部、台灣、蒙古。亦有移殖至日本

體長：17～23㎝

解說：棲息於相對較大的河川及池沼中，會成群游動。夏季會在淺水處活動，進入冬季時會往深水處移動。以浮游動物、水生昆蟲、藻類等為食，屬於雜食性。在中國的繁殖期為5～7月。會在靠近岸邊的淺水處產下黏性卵。經移殖，分布於世界上若干地區，如伊朗。2016年在岡山縣與百間川相連的水路中採集到這個魚種，並且觀察到其跳躍的模樣，似乎與產卵相關。腹部具有腹脊，因此英文名稱為Sharpbelly。

什麼是鯝亞科（*Xenocyprinae*）？

鰲條（*Hemiculter leucisculus*）目前被分類在鯝亞科中，不過這個亞科又是什麼呢？其實這是以過去鮊亞科、鯝亞科與部分自鮈亞科分離出來的魚類，這3個類群併在一起，並以最早的科名鯝亞科為名。契機是近年來對魚類分類學帶來顯著成果的分子生物學研究。其中部分的鮈亞科指的是主要分布於東亞的平頜鱲（*Zacco platypus*）等群組，與屬於同亞科的波魚及鮈魚等南亞～東南亞的群組是分開的。透過種系發生學就可以顯示出從前依外觀分類的方式是有極限的。

日本石川魚在過去和平頜鱲一樣被分類在鮊亞科

鯉形目鯉科鯝亞科

團頭魴 *Megalobrama amblycephala* Yih, 1955

分布：長江中～下游流域

體長：20～40㎝

解說：棲息於水草茂密的大湖泊及與其相連、流速緩和的水路。以水生昆蟲、小魚、植物碎片等為食，屬於雜食性。在5～6月繁殖期間會在水草中產下黏性卵。性格凶暴，在飼養環境中會執著地追趕其他魚類。從2009年開始可以在日本霞浦湖可以捕捉到這種魚類，目前貌似有不少個體數棲息。是中國重要的食用魚。

鯉形目鯉科鯝亞科

四川華鯿 *Sinibrama taeniatus*（Nichols, 1941）

分布：岷江、大渡河等長江上游流域

體長：15㎝

解說：棲息於河川中。繁殖期為4～5月，4年可成長至10㎝左右。目前因為濫捕及水壩建設等因素，使個體數減少，已有人提出保育必要性的訴求。本屬在中國南部、越南、寮國中已知有4種。

鯉形目鯉科鯝亞科

瑤山細鯽 *Aphyocypris arcus*（Lin, 1931）

分布：珠江水系、海南島

體長：9㎝

解說：棲息於山間的河川中。沒有食性的相關情報，不過推測與同屬的中華細鯽（*A. chinensis*）一樣屬於雜食性，在水族箱內會吃赤蟲。外型酷似同樣分布於中國南部的擬細鯽（*A. normalis*），不過本種的咽頭齒列為3列，擬細鯽（*A. normalis*）只有2列，可以此區分。此外，其背鰭外緣為直線型，體側分布著少許淡淡的不規則深色斑點。

鯉形目鯉科鯝亞科

擬細鯽 *Aphyocypris normalis* Nichols & Pope, 1927

分布：中國南部、越南北部

體長：9㎝

解說：棲息於山間的河流中。沒有關於食性的情報。不過推測與同屬的中華細鯽（*A. chinensis*）一樣屬於雜食性，在水族箱內會吃赤蟲。外型酷似弧形細鯽，不同之處在於本種咽頭齒列只有2列。此外，背鰭外緣為圓弧形，體側分布的不規則深色斑點數量較多。

鯉形目鯉科鯝亞科

尖鰭馬口鱲 *Opsariichthys acutipinnis*（Bleeker, 1871）

分布：中國南部

體長：9㎝

解說：棲息於流動的河川及湖沼中。以藻類、水生昆蟲、小型甲殼類等為食，屬於雜食性。外型與日本的平頜鱲（*Z. platypus*）相似，不過雄魚體側的婚姻色呈淡桃色的部分多，且有10～13條青綠色的橫條。體型和平頜鱲相比，給人較短的印象。從中國南部進口的平頜鱲大多屬於本種或是*O. evolans*其中一種。飼養方式和平頜鱲一樣容易。

鯉形目鯉科鯝亞科

馬口鱲 *Opsariichthys bidens* Günther, 1873

分布：中國、越南北部、寮國北部

體長：18㎝

解說：大多棲息於流動的山間河流中，不過也會出現在湖泊中。以小魚及水生昆蟲為食，屬於肉食性。繁殖期為6～8月，和平頜鱲（*Zacco. platypus*）及真馬口鱲（*O. uncirostris*）一樣，會在砂礫上散布黏性卵。具有く字形的大嘴，外觀上與日本國內的真馬口鱲極為相似，不過和順應大湖演化的真馬口鱲不同的是，本種適應於河川，相較之下體型較小。

鯉形目鯉科鯝亞科

長鰭馬口鱲 *Opsariichthys evolans*（Jordan & Evermann, 1902）

分布：中國南部、台灣

體長：12㎝

解說：棲息於流動的河川及湖沼中。以藻類、水生昆蟲及小型甲殼類等為食，屬於雜食性。雖然外觀與尖鰭馬口鱲（*O. acutipinnis*）相似，不過本種的體高較低，側線上方的橫列鱗列數為8（*O. acutipinnis*為9），尾柄周圍鱗列數為16～17（*O. acutipinnis*為18～20）。和台灣的個體相比，中國的雄性成魚身體前半的青綠色橫條有逐漸變短的傾向。

鯉形目鯉科鯝亞科

平頜鱲 *Zacco platypus*（Temminck & Schlegel, 1846）

分布：包含朝鮮半島的東亞，在日本為關東以西的本州及九州北部

體長：15㎝

解說：棲息於平原河川中～下游及湖沼中。以藻類、水生昆蟲、小型甲殼類等為食，屬於雜食性。繁殖期為5～8月左右，會在淺水處集結成群，於砂礫上散布帶有弱黏性的卵。照片中的個體是由中國進口的，不過平頜鱲在中國大陸是呈現什麼樣的分布，目前還不太清楚。型態上與日本的平頜鱲相同。

鯉形目鯉科鯝亞科

異鱲 *Parazacco spilurus*（Günther, 1868）

分布：珠江水系、海南島、越南北部

體長：11～18㎝

解說：棲息於水流清澈的山間溪流。以藻類、水生昆蟲、小型甲殼類等為食，屬於雜食性。體側有1條深色縱帶，和特氏東瀛鯉（*Nipponocypris temminckii*）及西氏東瀛鯉（*C. sieboldii*）相似，不同之處在於，異鱲尾柄末端連接著一塊大的深色斑點。棲息於珠江水域及海南島的異鱲分別被稱作*P. s. spilurus*和*P. s. fasciatus*，被分類為亞種。外觀上，兩者可由背鰭基底後端及臀鰭基底起點的位置做區別，不過仍然有點辨別難度。

鯉形目鯉科唐魚屬

唐魚 *Tanichthys albonubes* Lin, 1932

分布：中國廣東省、海南島、越南北部

體長：3㎝

解說：棲息於流速緩和、水草茂盛的小河中。主要以浮游動物及水生昆蟲等為食。繁殖期為3～10月，一年之中可以產卵多次，會在水草中產下弱黏性的魚卵。英文名稱為White Cloud Mountain Minnow，是以其棲地——中國廣東省廣州市的白雲山來命名的。本種有各式各樣的品種，例如黃化的金黃色類型以及魚鰭較長的長鰭類型。

鯉形目鯉科鮊亞科

金線大鮒 *Devario chrysotaeniatus*（Chu, 1981）

分布：中國雲南省及寮國北部的湄公河

體長：7㎝

解說：棲息於山中水質清澈的小河川。本種幾乎沒有生態上的相關情報。一般的大鮒屬（*Devario*）魚類會在水草中產下強黏性的魚卵，因此猜測本種或許也是類似的形式。作為觀賞魚的流通較少，鮮少進口至日本。

鯉形目鯉科鯿亞科

麗色低線鱲 *Opsarius pulchellus*（Smith, 1931）

分布：中國雲南省、越南、寮國、泰國、柬埔寨

體長：11 ㎝

解說：棲息於高溶氧量、流速快、水質清澈且有石塊的砂礫底河川中。主要以水生昆蟲等為食，屬於雜食性。游泳力強，在水中能快速地游動。特徵是體側有8～10條青綠色橫條。東南亞的個體作為觀賞魚類在市面上的流通量大，不過中國的個體就較稀少。

鯉形目鯉科鯿亞科

斯氏波魚 *Rasbora steineri* Nichols & Pope, 1927

分布：中國廣東省、廣西壯族自治區、海南島、寮國、越南

體長：9㎝

解說：棲息於山中或山區附近流速緩和的中小型河川及水路。幾乎沒有生態相關的情報，在東南亞的繁殖期大約從進入雨季開始。在飼養環境下性格溫馴，會吃赤蟲，是容易飼養的魚類。為波魚屬（*Rasbora*）之中東亞分布位置在最北邊的魚類。

在中國的泥鰍同類

這裡提到的泥鰍為廣義的泥鰍類，其中包括鰍科、沙鰍科、爬鰍科、腹吸鰍科、條鰍科等5科。以上全部加起來的種數將近350種，可以發現其多樣性之高。即使只挑出日本人熟悉的鰍屬（*Cobitis*），在中國也有25種分布，雖然說不上是分類學研究上的進步，但是考慮到日本的鰍屬魚類在分類學上的現況，種數的確是有在增加的。接著，就一起來看看泥鰍的世界吧。

平緩的淺水處可以看見泥鰍的同類　香港

鯉形目鰍科

斑條花鰍 *Cobitis laterimaculata*（Yan & Zheng, 1984）

分布：中國浙江省

體長：7㎝

解說：棲息於流動的砂礫底河川中。幾乎沒有生態相關的情報。根據背鰭在身體後方的位置、較小的頭部、身上的花紋等因素，也有某些見解將其歸類在後鰭花鰍屬（*Niwaella*）。

鯉形目鰍科

黑白鰍 *Cobitis melanoleuca*（Nichols, 1925）

分布：中國東北部～歐洲

體長：12 ㎝

解說：棲息於植物茂盛的低地泥沙底小溪至大河川、湖泊中。該個體是作為觀賞魚由中國進口至日本的，在中國棲息於黃河、海河、灤河等中國東北部的河川中。

鯉形目鰍科

中華花鰍 *Cobitis sinensis* Sauvage & Dabry de Thiersant, 1874

分布：長江以南的中國東南部、越南北部

體長：7～13㎝

解說：棲息於山裡水流清澈的泥沙底河川中。以小型底棲動物、藻類等為食，屬於雜食性。另有花紋特徵與本種類似的物種分布於朝鮮半島南部西岸及台灣。

鯉形目鰍科

鰍屬未鑑定種 *Cobitis sp.*

未鑑定種①

體長6cm（照片個體）。2011年從廣東省汕頭進口的個體。身上許多橫條呈現出獨特的花紋。

分布：中國

解說：鰍屬（*Cobitis*）在歐亞大陸及北非約有96個已知物種及亞種，是個非常大的群組，其中有大約20種分布於中國。若將分布於日本的20種・亞種考慮進去，再加上鰍屬在分類學研究方面的進展，中國國內的物種或許會再增加也說不定。此外，中國的鰍屬魚類和其他多數淡水魚一樣，幾乎沒有生態相關的情報，因此關於不同物種在生態上的差異也都還不清楚。

未鑑定種②

體長8cm（照片中個體）。2008年到貨的個體，具有相對較大的斑紋，和越南北部採集到的個體十分相似。

未鑑定種③

體長8cm（照片中個體）。2011年到貨的個體，特徵是背上如磁磚排列的花紋，尾鰭的花紋沒有連成明顯的條紋。

未鑑定種④

體長8cm（照片中個體）。2011年到貨的個體，外觀與未鑑定種③相似，但是尾鰭的花紋有連出明顯的條紋。

未鑑定種⑤

體長8cm（照片中個體）。2015年到貨的個體，外觀與未鑑定種③及未鑑定種④相似，但是背上的磚形花紋沒有那麼密集。

鯉形目鰍科

大鱗副泥鰍 *Paramisgurnus dabryanus*（Dabry de Thiersant, 1872）

分布：長江水系中下游～越南北部、朝鮮半島、台灣。亦有移殖至日本。

體長：10～20㎝

解說：棲息於泥底小溪、水田、溝渠、池塘中。以水生昆蟲及藻類等為食，屬於雜食性。與泥鰍（*M. anguillicaudatus*）相比，觸鬚較長，尾柄部分的體高也較高。混在海外進口食用泥鰍中因而入侵日本生態的可能性很高，目前已廣泛地定著於東日本區域。

鯉形目鰍科

俄羅斯泥鰍 *Misgurnus nikolskyi* Vasil'eva, 2001

分布：中國東北部、俄羅斯東南部。亦有移殖至中國以外的地區

體長：10㎝

解說：幾乎沒有生態上的情報，在水族箱內的狀態則和泥鰍（*M. anguillicaudatus*）相同。體型和泥鰍相比較細長，背鰭位置偏後方。還有，體側及尾鰭，特別是腹部上有明顯的小黑點。紀錄於2001年，是相對而言較新的物種，但是有部分意見認為本種和其他泥鰍屬的關聯性等有分類學上的問題。

鯉形目沙鰍科薄鰍屬

長薄鰍 *Leptobotia elongata*（Bleeker, 1870）

分布：長江上～中游流域

體長：50㎝

解說：棲息於流動的小河中上游及山裡的河川。以小魚及水生昆蟲、藻類等為食，屬於雜食性。性格凶猛。在3～6月繁殖期間會在岩石等處產下黏性卵。與分布於東南亞的大刺色鰍（*Chromobotia macracanthus*）一樣屬於大型沙鰍。被列為紅皮書名錄易危（VU）物種。

鯉形目沙鰍科薄鰍屬

桂林薄鰍 *Leptobotia guilinensis* Chen, 1980

分布：漓江

體長：9㎝

解說：棲息於砂礫底河川中。幾乎沒有生態相關的情報，雖然不清楚在自然界中的狀態，但是根據水族箱內的觀察，和其他大多數的薄鰍屬魚類相同。以「桂林薄鰍」的名稱從中國進口。

鯉形目沙鰍科薄鰍屬

小眼薄鰍 *Leptobotia microphthalma* Fu & Ye, 1983

分布：岷江

體長：10㎝

解說：和其他種名同為「*microphthalma*」的同屬魚種相比，眼睛大小相對於身體的比例較小。以「*Leptobotia* sp. Hadaka」為商品名進口至日本。在中國被列為紅皮書名錄易危（VU）物種。

鯉形目沙鰍科薄鰍屬

佩氏薄鰍 *Leptobotia pellegrini* Fang, 1936

分布：珠江、九龍江、閩江、沅江、甌江

體長：20㎝

解說：棲息於流動的砂礫底河川上游。繁殖期大約在春天，會在石頭之間產下黏性卵。和長薄鰍（*L.elongata*）十分相似，但是身上的橫條更加明顯，眼睛也較大，兩眼間距在眼徑的2倍以下。在其棲地屬於食用魚類。

鯉形目沙鰍科薄鰍屬

紫薄鰍 *Leptobotia taeniops*（Sauvage, 1878）

分布：長江中～下游及其支流

體長：20㎝

解說：以水生昆蟲及藻類等為食，屬於雜食性。繁殖期為4～7月。因為皮膚脆弱，所以在飼養時應盡量避免急遽改變水質及溫度的行為如換水等，此外，因為有躲藏在陰影底下的傾向，所以建議也準備遮罩。其實不只是本種，應該所有沙鰍科都是如此。本種在中國被列為紅皮書名錄中的易危（VU）物種。

鯉形目沙鰍科副沙鰍屬

花斑副沙鰍 *Parabotia fasciata* Dabry de Thiersant, 1872

分布：黑龍江～珠江的中國東部

體長：16㎝

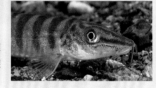

解說：棲息於砂礫底河川中。以水生昆蟲及藻類等為食，屬於雜食性。繁殖期為5～7月。外觀特徵為尾鰭根部的中央有一處深色斑點，臉頰上具有魚鱗，眼睛下方有分枝的硬棘，身形細長。雖然容易飼養，但是也常發生被魚網刮傷或是染上白點病及皮膚病的情況。

鯉形目沙鰍科華鰍屬

美麗華鰍 *Sinibotia pulchra*（Wu, 1939）

分布：中國東南部、越南北部

體長：10㎝

解說：棲息於水流清澈、有水草的砂礫底河川中。以水生昆蟲及藻類等為食，屬於雜食性。在飼養環境下會吃赤蟲。在越南北部數量稀少，但是仍被當作食用魚販售。

鯉形目沙鰍科華鰍屬

壯體華鰍 *Sinibotia robusta*（Wu, 1939）

分布：中國東南部、越南北部

體長：10～15㎝

解說：棲息於流動的砂礫底河川中。食性不明，在飼養環境下會吃赤蟲，經常會躲藏到岩石等物的陰影中。體側的倒V字深色橫帶為其特徵。

鯉形目沙鰍科華鰍屬

華鰍屬未鑑定種 *Sinibotia* sp.

分布：中國

體長：7㎝（照片中個體）

解說：此個體是以黑虎沙鰍（Black Tiger Loach）的商品名由中國進口至日本。這個商品名一般是用於美麗華鰍（*S. pulchra*）。不過身上的花紋和美麗華鰍（*S. pulchra*）不同，比較有可能是斑紋華鰍（*S. zebra*），詳細資訊不明。華鰍屬（*Sinibotia*）在東亞南部及東南亞北部之間有6種分布。

鯉形目爬鰍科

秉氏間爬岩鰍 *Hemimyzon pengi*（Huang, 1982）

分布：中國雲南省及寮國的湄公河流域

體長：6㎝

解說：棲息於水流湍急的河川中，可以在岩石底下見到牠們的身影。可定義為本屬的外觀為胸鰭不分枝軟條有8條以上，左右腹鰭分離呈不完全的吸盤狀，上頷觸鬚有2對，尾柄屬側扁型。

鯉形目爬鰍科

短身金沙鰍 *Jinshaia abbreviata*（Günther, 1892）

分布：長江上游流域（金沙江）

體長：10㎝

解說：棲息於水流湍急的河川。本屬的特徵為能夠適應快速水流的細長身形，是由本種與中華金沙鰍（*J. sinensis*）這2個物種組成的。本種的腹鰭總軟條數為14～15，肛門位置與臀鰭接近，與之相比，中華金沙鰍（*J. sinensis*）為18～19，肛門則是稍微靠近腹鰭側。體長大約9㎝的個體，尾鰭的上葉較下葉長。屬名取自其棲地──金沙江。被中國紅皮書名錄列為接近受脅（NT）物種。

鯉形目爬鰍科

刺臀華吸鰍 *Sinogastromyzon wui* Fang, 1930

分布：涵蓋中國東南部～越南北部的珠江上游流域

體長：6㎝

解說：棲息於山間流速較快，石塊較多的河川中。以附著藻類、水生昆蟲的幼蟲、微生物等為食，屬於草食傾向較強的雜食性。領域性強，在水族箱這種狹窄的環境中會追趕其他個體。

鯉形目腹吸鰍科

貴州爬岩鰍 *Beaufortia kweichowensis*（Fang, 1931）

分布：中國東南部的珠江水系

體長：7㎝

解說：棲息於水流湍急，具有石塊的礫石底河川中。以附著藻類等為食，屬於草食傾向較強的雜食性。本種包括棲息於西江的貴州爬岩鰍（*B. k. kweichowensis*），及棲息於北江、東江的細尾貴州爬岩鰍（*B. k. gracilicauda*）這兩個亞種。前者尾柄高度較尾柄長度稍長，背鰭的起點在腹鰭的第1分枝軟條稍微後方的位置；後者尾柄高度與尾柄長度等長，背鰭的起點在腹鰭的第1分枝軟條稍微前方。2009年6月於神戶市立須磨海濱水族館成功繁殖。

鯉形目腹吸鰍科

中華遊吸鰍 *Erromyzon sinensis*（Chen, 1980）

分布：中國東南部的西江水系

體長：5㎝

解說：棲息於山中水流清澈，湍急且石塊多的砂礫底河川中～上游。主要以岩石上刮取的附著藻類為食，屬於草食傾向較強的雜食性。在飼養環境下會吃沉水型的人工飼料。身上有20條左右不規則的橫帶，尾柄末端有一處深色斑點。本屬在中國東南部及越南北部已知有4種分布。

鯉形目腹吸鰍科

火紅遊吸鰍 *Erromyzon* sp.

分布：中國東南部

體長：5㎝（照片中個體）

解說：外觀與中華遊吸鰍（*E. sinensis*）非常類似，但是體側的深色縱帶有點金屬紅，基因上也有相異之處，因此被認為是別種。在水族箱內的狀態與中華遊吸鰍（*E. sinensis*）相同。是在2017年秋季由中國作為觀賞魚進口至日本的個體。

鯉形目腹吸鰍科

遊吸鰍未鑑定種 *Erromyzon* sp.

分布：中國南部

體長：3㎝（照片中個體）

解說：從中國南部作為觀賞魚進口的魚類。外觀與中華遊吸鰍（*E. sinensis*）非常類似，但是身上橫條紋的濃淡部分交換，在基因上也有相異之處，因此被認為是別種。在水族箱內的狀態與中華遊吸鰍（*E. sinensis*）相同。

鯉形目腹吸鰍科

擬平鰍 *Liniparhomaloptera disparis*（Lin, 1934）

分布：中國東南部及越南北部

體長：7㎝

解說：棲息於山間的河川中。主要以岩石上刮取的附著藻類為食，屬於草食傾向較強的雜食性。本種包含棲息於中國東南部的擬平鰍（*L. d. disparis*）及棲息於海南島的瓊中擬平鰍（*L. d. qiongzhongensis*）這2個亞種，在遺傳方面可分為3個群組。

鯉形目腹吸鰍科

擬平鰍屬未鑑定種 *Liniparhomaloptera sp.*

分布：中國東南部

體長：7㎝（照片中個體）

解說：本屬已知有4種，棲息於山間的溪流。主要以岩石上刮取的附著藻類為食，在飼養環境下也會吃沉水型的人工飼料。

必須要有動物性餌料的爬鰍科及腹吸鰍科魚類

飼養爬鰍科及腹吸鰍科的魚類時，經常會看到牠們在吃附著在玻璃及石頭上的藻類，因此或許會有牠們只吃植物性餌料的印象。不過，動物性餌料其實是牠們不可或缺的營養來源。證據就是只吃植物性餌料而越來越瘦的情況很常見。其實，在吃附著藻類的同時，牠們也會吃下其中的微生物。動物性餌料不足時，牠們偶爾也會吃死亡的魚屍。因此，飼養這種魚類時似乎不太適合清理水族箱內的青苔。

正在吃飼料的寬頭擬腹吸鰍

鯉形目腹吸鰍科

珠江擬腹吸鰍 *Pseudogastromyzon fangi*（Nichols, 1931）

分布：珠江流域、長江支流的湘江上游

體長：6～9㎝

解說：棲息於山間具有石塊的流動河川中。主要以岩石上刮取的附著藻類為食。和其他擬腹吸鰍屬（*Pseudogastromyzon*）魚類相比，背鰭較大，接近外緣有黑色帶狀，帶點黃色的魚鰭十分顯眼。本屬在中國南部及越南有16種。

鯉形目腹吸鰍科

條紋擬腹吸鰍 *Pseudogastromyzon fasciatus*（Sauvage, 1878）

分布：中國東南部

體長：8㎝

解說：棲息於山間具有石塊的流動河川中。主要以岩石上刮取的附著藻類為食，屬於草食傾向較強的雜食性。腹吸鰍類雖然給人會清理水族箱內青苔的印象，事實上也會積極的攝取動物性的餌料。其特徵是頭部有許多深色斑點，及身上較粗的深色橫條。

鯉形目腹吸鰍科

寬頭擬腹吸鰍 *Pseudogastromyzon laticeps* Chen & Zheng, 1980

分布：廣東省

體長：7㎝

解說：棲息於山間具有石塊的流動河川中。主要以岩石上刮取的附著藻類為食，屬於雜食性。在中國的紅皮書名錄中被列為易危（VU）物種。

鯉形目腹吸鰍科

麥氏擬腹吸鰍 *Pseudogastromyzon myersi* Herre, 1932

分布：廣東省、香港

體長：4㎝

解說：棲息於山間水質清澈具有石塊的流動河川中。主要以岩石上刮取的附著藻類和微生物等為食，屬於雜食性。是最一般的爬鰍科魚類，也是自古以來人們熟悉的物種。背鰭上有紅色的邊緣。容易飼養，是腹吸鰍類的飼養入門種。

鯉形目腹吸鰍科

平舟原纓口鰍 *Vanmanenia pingchowensis*（Fang, 1935）

分布：廣東省等中國東南部

體長：9㎝

解說：棲息於山間水流速快，質地清澈具有石塊的流動河川中，在水底接近地面時可以快速地在水流中游動。以水生昆蟲的幼蟲等為食，屬於雜食性。其體側的雲形花紋被認為是可以在河川中保護自己的迷彩。

鯉形目腹吸鰍科

原纓口鰍屬未鑑定種 *Vanmanenia* sp.

分布：海南島

體長：9㎝（照片中個體）

解說：本種是由海南島進口。由下頜的4個乳頭狀突起可判斷為本屬。在水族箱中會吃人工飼料、赤蟲及藻類，似乎是雜食性。原纓口鰍屬適應於山間的溪流，喜歡溶氧量高的地點，因此較不耐缺氧環境。

鯉形目腹吸鰍科

信宜原纓口鰍 *Vanmanenia xinyiensis* Zheng & Chen, 1980

分布：西江流域

體長：10㎝

解說：本屬在中國東南部、越南北部、寮國北部有已知有21種。吻部及上頜之間有道溝，從腹側可以清楚看見鰓孔，下唇中央有4個乳頭狀突起。身體的花紋會有變異，在種與種之間十分相似，因此很難區分。

鯉形目腹吸鰍科

厚唇瑤山鰍 *Yaoshania pachychilus*（Chen, 1980）

縱帶型

分布：廣西壯族自治區

體長：6㎝

解說：棲息於水質清澈的溪流中，會吸附在岩石上啃食附著藻類。花紋有兩種類型，一種是在乳白底色上分布了4條包括吻部在內的大塊不規則橫帶；另一種是在體側中央帶有深色縱帶。屬名取自其棲地——位於廣西壯族自治區桂林的大瑤山。在中國被列為紅皮書名錄易危（VU）物種。

鯉形目條鰍科

阿波鰍屬未鑑定種 *Aborichthys* sp.

分布：中國

體長：3㎝（拍攝個體）

解說：細長的身上有許多橫帶，背鰭在身體中央再往前一點的位置，因此可以判斷是*Aborichthys*屬。本屬棲息於高地的河川中，以印度北部為中心的南亞地區有8種分布。在中國則有墨脱阿波鰍（*A. kempi*）棲息於布拉馬普特拉河上游——西藏自治區的雅魯藏布江，不過其尾鰭基底的背部側沒有明顯的深色斑點，因此在這裡分類為sp.。

鯉形目條鰍科

平頭嶺鰍 *Oreonectes platycephalus* Günther, 1868

分布：中國南部、越南北部

體長：9㎝

解說：棲息於水流較湍急的清澈河川上游中。以水生昆蟲、有機物碎屑等為食。屬名與其棲地相關，有「在山間河裡游泳的生物」的意思。本屬在中國已知有15種分布。從照片中可以看到，牠與棲息於日本的北鰍屬（*Lefua*）非常類似，在水族箱內的生態也都相同。

鯉形目條鰍科

凱氏南鰍 *Schistura kaysonei* Vidthayanon & Jaruthanin, 2002

分布：寮國、中國南部（？）

體長：5㎝

解說：棲息於喀斯特地形洞窟中的河川。因為是洞穴魚，所以眼睛已退化，生態方面的資訊也都不清楚（因為沒有分布於中國南部的正式報告，所以在分布欄加上了？）。此個體是2008年由中國南部進口至日本的，和寮國個體的粒線體基因序列幾乎沒有不同，因此視其為本種。作為觀賞魚進口的南鰍屬（*Schistura*）屬洞穴魚還有棲息於東南亞的傑氏南鰍（*S. jarutanini*）這品種。

鯉形目條鰍科

南鰍屬未鑑定種 *Schistura sp.*

未鑑定種①

體長6㎝（照片中個體）。身上的12道橫條像是將腹部以外的地方框住一般，是這個群組中常見的花紋。眼睛較其他種稍微大一些。

未鑑定種②

體長4㎝（照片中個體）。具有14道橫條，特徵是橫條花紋在背部呈現斷開的樣子。此外，背鰭及尾鰭上具有稍微偏紅的小黑點。

分布：中國南部

解說：南鰍屬（*Schistura*）在南亞～東亞南部區域內已知有215種，其中有40種分布於中國。棲息於水質清澈、具有石塊的砂礫底河川中～上游，主要以水生昆蟲及無脊椎動物等為食。給人的印象類似日本的條鰍科北鰍屬魚類，不同之處在於外觀上有許多橫條，以及鱗片較細等。根據瑞士魚類學者M. Kottelat針對東南亞南鰍屬（*Schistura*）在分類學上的分析整理，分布於中國南部的這

未鑑定種③

體長4cm（照片中個體）。具有18道橫條，背鰭及尾鰭稍微帶點紅色，背鰭上排列著黑色斑點。這個群組的條紋數也是一大分類特徵。

未鑑定種④

體長4cm（照片中個體）。具有不明顯的細條花紋。與其他個體相比，給人稍微縱扁的印象。

些魚類尚未經過分類學的整理，許多在過去曾經被當作條鰍屬（*Nemachilus*）的魚種，實際上應該是本屬魚類。在市面上以紅尾迷宮鰍等各式各樣的商品名進口至日本。

鯉形目條鰍科

美麗中條鰍 *Traccatichthys pulcher*（Nichols & Pope, 1927）

分布：廣西壯族自治區、廣東省、海南島、越南北部

體長：4～11㎝

解說：棲息於山間流動的砂礫底河川中，沒有食性相關的情報，在飼養環境下會吃赤蟲及人工飼料。以中國黑線竹葉魚等數種名稱作為觀賞魚進口至日本。在中國的紅皮書名錄中屬於低危險物種。

鯉形目條鰍科

硬鰭高原鰍 *Triplophysa scleroptera*（Herzenstein, 1888）

分布：青海湖、黃河上游流域

體長：20㎝

解說：棲息於高地的條鰍科魚種。本屬主要分布於青藏高原，已知有140種左右。2017年時經常成批進口至日本，但因為是高地的魚類，較不耐高水溫，因此飼養難度較高。在中國的紅皮書名錄中屬於低危險物種。

鯉形目條鰍科

似鯰高原鰍 *Triplophysa siluroides*（Herzenstein, 1888）

分布：黃河上游流域

體長：50㎝

解說：棲息於高地上，水流湍急，砂礫底的深水河川中。肉食性，游泳力強。在7～8月繁殖期間會在水流緩和的砂礫底河床產下2～3㎜的卵，孵化的仔魚會在河岸及小水窪中成長。是條鰍科魚類中體型最大的魚種。在當地因為作為食用魚而遭到濫捕，導致個體數減少。在中國被列為紅皮書名錄中的易危（VU）物種。

鯉形目條鰍科

麗紋雲南鰍 *Yunnanilus pulcherrimus* Yang, Chen & Lan, 2004

分布：珠江流域

體長：6㎝

解說：棲息於伏流水中。2018年上旬以多種不同名稱進口至日本。沒有生態相關的情報，在水族箱內會吃赤蟲及人工飼料，性喜群游。本屬主要分布於中國南部及越南北部，已知有34種。

鯉形目亞口魚科

胭脂魚 *Myxocyprinus asiaticus*（Bleeker, 1864）

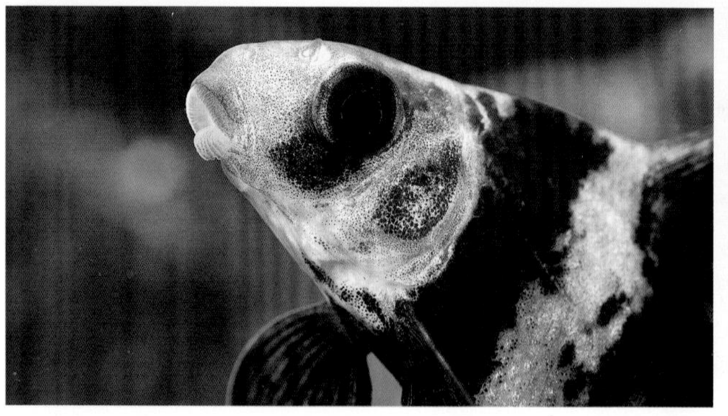

分布：長江、閩江

體長：20～50㎝

解說：棲息於具有石塊的砂礫底河川中。仔魚會在表層游動，成長至幼魚以後活動範圍就逐漸移往中層至底層。以水生昆蟲、附著藻類、植物碎片等為食，屬於雜食性。繁殖期為3～4月，為了繁殖會逆流而上。幼魚身上有橫帶，但是會隨著成長變成縱帶，體型也會變得細長。雖然長得像鯉科，但是喉嚨中的咽頭齒數量多，因此屬於亞口魚科這個群組。在中國的紅皮書名錄被列為極危（CR）物種，IUCN的名錄則為瀕危（EN）等級。照片中個體為幼魚。

在中國的鯰魚同類

將國外外來魚種——雲斑鮰（*Ameiurus nebulosus*）也算入其中的話，中國共有11科43屬約180種鯰形目魚類分布。其中混雜了東南亞及南亞較多的南方系群組，及主要分布於東亞的北方系群組，可說是南北交流的地點。此外，為了適應環境而演化的形態十分多樣，其中的鮡科（*Sisoridae*）魚類為了順應溪流環境而演化出腹部的皺襞狀吸盤，使自己不會被水流沖走。接著就一起來看看，物種豐富多樣的中國鯰魚類吧。

水深處可以看見鯰魚的同類　香港

鯰形目鈍頭鮠科

擬緣鱖 *Liobagrus marginatoides*（Wu, 1930）

分布：長江上游流域

體長：15㎝

解說：棲息於流動的河川中。以水生昆蟲、貝類、魚類等為食，屬於肉食性。夜行性。背鰭的分枝軟條數為6，臀鰭分枝軟條為12，胸鰭的棘狀軟條內側成軟滑狀，體側沒有深色斑點，可由以上幾點判斷為本種。偶爾會作為觀賞魚進口至日本。

鯰形目鮡科

黃石爬鮡 *Chimarrichthys kishinouyei*（Kimura, 1934）

分布：長江上游的岷江流域

體長：16㎝

解說：棲息於山中水流湍急，多石塊的河川中。以水生昆蟲、水生植物的碎片等為食，屬於雜食性。繁殖期為6～7月。腹部側可以貼著河底，以抵禦湍急的水流。另有屬名稱作*Euchiloglanis*。

鯰形目鮡科

福建紋胸鮡 *Glyptothorax fokiensis*（Rendahl, 1925）

分布：長江及其以南的水系

體長：8㎝

解說：棲息於山中水流湍急，多石塊的河川中。以水生昆蟲、附著藻類、水生植物的碎片等為食，屬於雜食性。繁殖期為4～5月。胸部有許多皺褶形成的吸盤狀器官，可以吸附在岩石上以抵禦水流。

鯰形目鮡科

中華紋胸鮡 *Glyptothorax sinensis*（Regan, 1908）

分布：中國長江上～中游流域、緬甸、印度

體長：7㎝

解說：棲息於山中水流湍急，多石塊的河川中。以水生昆蟲及附著藻類為食，屬於雜食性。在5～6月繁殖期會產下黏性卵。胸部有許多皺褶形成的吸盤狀器官，可以吸附在岩石上以抵禦水流。過去本種曾包含以脊椎骨數與本種區分的福建紋胸鮡（*G. f. fokiensis*）（棲息於長江及其以南水系）及海南紋胸鮡（*G. f. hainanensis*）（棲息於海南島）這2個亞種，不過現在已個別提升至種的階層。

鯰形目鯰科

越南隱鰭鯰 *Pterocryptis cochinchinensis*（Valenciennes, 1840）

分布：包含海南島的中國東南部、越南北～中部

體長：20㎝

解說：棲息於山中流動的小河中。以水生昆蟲、貝類、魚類、兩棲類等為食，屬於肉食性。因為是夜行性，白天都會躲在岩石的陰影中。本屬在印度至中國南部已知有15種，其中分布於中國的有本種及糙隱鰭鯰（*P. anomala*）。本種與其他物種區別的特點為圓錐狀或葉片狀的泌尿生殖器突起，以及尾柄高為標準體長的6.2～7.6%。

鯰形目鯰科

大口鯰 *Silurus meridionalis* Chen, 1977

分布：長江中游流域

體長：1m

解說：棲息於流速緩和、水質混濁的大河川中。以魚類、兩棲類、水生昆蟲等為食，屬於肉食性。3～6月繁殖期間會在砂礫底的淺水處產卵。夜行性，性格凶猛。包含了日本也有的鯰魚（*S. asotus*），在中國已知有 9 種鯰科魚類，本種與其他鯰科可以區別的特徵有以下幾點：下頜較上頜突出；口裂超過眼睛前緣，頭部下方的輪廓朝向下頜尖端並往上翹；口角觸鬚長且尖端超過胸鰭；臀鰭軟條數超過 75 條等等。

鯰形目鱨科

杜氏瘋鱨 *Tachysurus dumerili*（Bleeker 1864）

分布：中國東部、朝鮮半島西部

體長：40㎝

解說：棲息於流動的河川中。以魚類、甲殼類、水生昆蟲等為食，屬於肉食性。夜行性。繁殖期因地而異，長江流域為4～6月，在韓國則是5～7月。吻部會隨著成長逐漸變長，名稱也是因此而來。學名曾為長吻鮠（*Leiocassis longirostris*），不過根據目前的分類學研究，現在這個才是有效的學名。因為是廣域分布種，因此有人提出隱蔽種存在的可能性，應該至少會有幾個集團存在。

鯰形目鱨科

瘋鱨 *Tachysurus fulvidraco*（Richardson, 1846）

分布：朝鮮半島東岸以外的區域、西伯利亞東南部～寮國及越南北部

體長：10～30㎝

解說：棲息於水流緩和、水草茂盛的河川。以魚類、甲殼類、水生昆蟲為食，屬於肉食性。夜行性。繁殖期因地而異，長江流域為5～6月，在韓國則是5～7月。2012年於茨城縣通報為國外外來種，目前被列為特定外來生物。屬於分布範圍非常廣的物種，從日本分布範圍擴大的程度來看，可推測其適應力很高。

鯰形目鱨科

細身瘋鱨 *Tachysurus gracilis* Li, Chen & Chan 2005

分布：中國

體長：17㎝

解說：棲息於中～大型河川中。與長脂瘋鱨（*T. adiposalis*）及烏蘇里瘋鱨（*T. ussuriensis*）相似，但是眼睛較大，上頜的觸鬚未達眼睛後緣。有些分類將其列在擬鱨屬（*Pseudobagrus*）。在中國，本屬已知有40種左右，包括過去的鮠屬（*Leiocassis*）、擬鱨屬（*Pseudobagrus*）、瘋鱨屬（*Pelteobagrus*），是個非常大的類群。

鯰形目鱨科

三線瘋鱨 *Tachysurus trilineatus*（Zheng 1979）

分布：廣東省東江流域

體長：8㎝

解說：生態習性不明。在飼養環境下，與日本的叉尾瘋鱨（*T. nudiceps*）及越南瘋鱨（*T. tokiensis*）一樣是夜行性，白天會躲在陰影中。飼料方面會吃鯰魚專用的人工飼料及冷凍赤蟲。不耐高溫。特徵是體側有中央為虛線，兩側為實線的三道縱條。有些分類將其列在擬鱨屬（*Pseudobagrus*）。

鯰形目鱨科

瘋鱨屬未鑑定種 *Tachysurus* spp.

未鑑定種①

體長7㎝（照片中個體），尾鰭沒有呈現大雙叉狀，頭部渾圓，與分布於日本的越南瘋鱨（*T. tokiensis*）相似。

分布：中國

解說：分布於中國的廣義瘋鱨屬（*Tachysurus*）已知有40種左右。分類於鱨科之下的瘋鱨屬從非洲～東亞已知約有220種，在科內算是非常大的一個群組。此外，中國的本屬魚類之中包含了一些廣域分布種如烏蘇里瘋鱨（*T. ussuriensis*），因此有些人推測可能還有一些隱蔽種存在，物種數量可能會再增加。瘋鱨屬的分類特徵包括胸鰭硬棘鋸齒狀態、臀鰭的軟條數、觸鬚的長度、脂鰭大小等，有些特徵不太容易辨識，乍看難以判定。作為觀賞魚進口至日本的中國瘋鱨屬魚類不清楚有幾種，不過進口多種的情況並不多見。

未鑑定種②

體長9cm（照片中個體）。特徵是尾鰭沒有大雙叉，體型瘦長，大眼。

胡瓜魚目銀魚科

陳氏新銀魚 *Neosalanx tangkahkeii*（Wu, 1931）

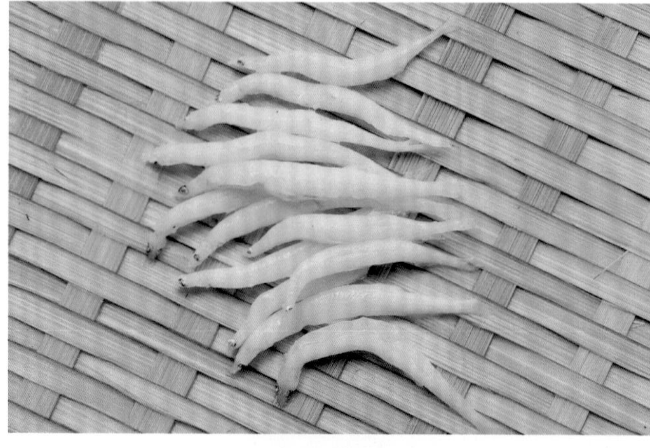

分布：福建省、廣東省、廣西壯族自治區東岸沿線

體長：6㎝

解說：棲息於湖泊及流速緩和的河川中。主要以橈腳類等浮游生物為食。繁殖方面可分為3～5月的春季產卵群及6～9月秋季產卵群。特徵是吻端不尖，沒有舌齒，尾鰭基部背腹沒有黑色斑點。此個體為進口至日本的冷凍銀魚，本種還有其他販售的種類如安氏新銀魚（*N. anderssoni*）。

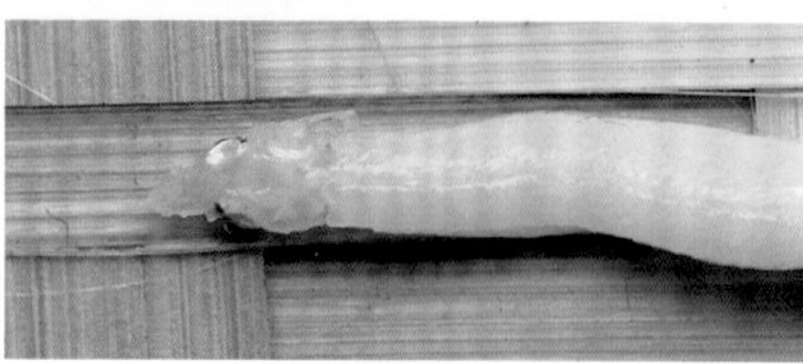

胡瓜魚目銀魚科

中國大銀魚 *Protosalanx chinensis*（Basilewsky, 1855）

分布：中國、韓國、越南

體長：15㎝

解說：棲息於湖泊及流速緩和的河川中。主要以橈腳類等浮游動物、小蝦、小魚為食，屬於肉食性。繁殖期為12～3月。吻端微尖，具有舌齒。此個體為進口至日本的冷凍銀魚。

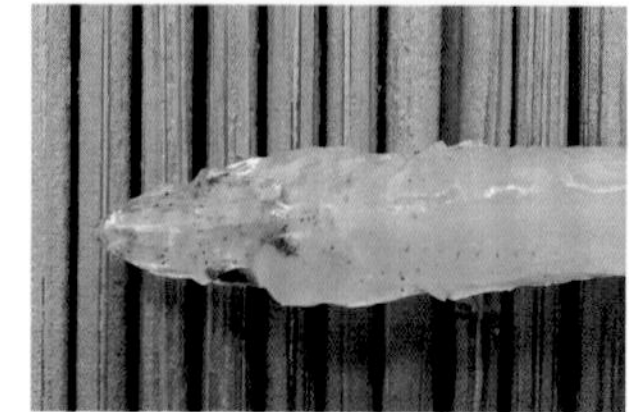

頜針目異鱂科

弓背青鱂 *Oryzias curvinotus*（Nichols & Pope, 1927）

分布：中國東南部、越南北部

體長：3㎝

解說：棲息於具有水草的水路等。以藻類、浮游動物為食，屬於雜食性。本種與日本的青鱂（*O. latipes*）相比，具有稍帶黃色的魚鰭，背鰭在稍微後方的位置。在青鱂屬中與日本的青鱂關係最相近。

雄性

雌性

頜針目異鱂科

中華青鱂 *Oryzias sinensis* Chen, Uwa & Chu, 1989

分布：朝鮮半島西側～東南亞。經移殖分布於哈薩克、俄羅斯等

體長：3㎝

解說：棲息於具有水草的水路等。以藻類、浮游動物為食，屬於雜食性。繁殖期為4～9月，魚卵上有絲狀的線可以纏繞在水草上。魚卵在24℃的環境中約10～12天會孵化。

合鰓目合鰓魚科

黃鱔 *Monopterus albus*（Zuiew, 1793）

分布：日本、朝鮮半島、中國、東南亞。經移殖分布於美國

體長：40㎝～1ｍ

解說：棲息於不太流動的混濁河川及池塘中。以小魚、昆蟲、兩棲類等為食，屬於肉食性。在中國的繁殖期為4～8月。夜行性。左右鰓孔癒合，僅於腹面有一孔。可直接空氣呼吸，因此在東南亞的市場上可以看見大量裝在桶中販售的黃鱔。產卵方式可分為會依地域製作泡巢，及產卵於水草中等一些不同的類型，因為在基因上也有不同，因此分別視為獨立的群體。

合鰓目棘鰍科

大刺鰍 *Mastacembelus armatus*（Lacepède, 1800）

分布：中國南部～巴基斯坦

體長：80㎝

解說：棲息於水流緩和的砂礫底河川中。主要以甲殼類、水蚤等無脊椎動物為食，屬於雜食性。30～40根背鰭棘排列的外觀即為棘鰍這個名稱的由來。英文名稱為zig zag eel，商品名為輪胎龍，則是因為體側的花紋而有此命名。在東南亞為食用魚種，可以在市場上看見牠們。

合鰓目棘鰍科

棘鰍屬未鑑定種 *Mastacembelus* sp.

分布：中國南部

體長：10㎝（照片中個體）

解說：棘鰍屬（*Mastacembelus*）屬之中，有幾個物種的學名仍處於待檢討的狀態。本種被認為是棲息於中國南部及紅江的波鰭棘鰍（*M. undulates*），不過這個學名是記載於印度的學術雜誌，模式產地是在印度或中國，界定上有點曖昧。

刺魚目棘背魚科

多刺魚屬未鑑定種（淡水型） *Pungitius* sp.

分布：朝鮮半島的日本海側～黑龍江流域、堪察加半島、日本

體長：7㎝

解說：以「中國多刺魚」為名進口的此魚，背鰭棘有9根，因此判斷為多刺魚類。體側中央的鱗板延續至身體前方，屬於淡水性質，因此被稱為淡水型多刺魚（*Pungitius* sp.）。本種在北日本及及朝鮮半島的日本海側～黑龍江、堪察加半島等處有不連續的分布，棲息於湧泉源頭的清澈水域。極少進口。

鱸形目真鱸科

中國少鱗鱖 *Coreoperca whiteheadi* Boulenger, 1900

分布：中國東南部、越南北部

體長：20㎝

解說：棲息於山中流動的河川中。以魚類、甲殼類等為食，屬於肉食性。和同樣是少鱗鱖屬的川目少鱗鱖（*C. kawamebari*）一樣，鰓蓋上有眼狀斑紋。幾乎沒有生態習性相關的情報。種名直譯為懷氏真鱸。在中國的紅皮書名錄中被列為接近受脅（NT）物種。

鱸形目杜父魚科

杜父魚屬未鑑定種 *Cottus sp.*

分布：中國

體長：5㎝

解說：以「中國杜父魚」為名進口的此魚，胸鰭的鰭條數為15，背鰭軟條無分枝，腹鰭上沒有花紋，第二背鰭的鰭條數為16，外觀上與日本本土的賴氏杜父魚（*C. reinii*）相近。賴氏杜父魚為日本的原生種，而中國只有黏滑杜父魚（*C. dzungaricus*）及圖們江杜父魚（*C. hangiongensis*）這兩種分布，也沒有報告顯示賴氏杜父魚有近緣物種存在，因此這邊將其列為未鑑定種。

鰕虎目沙塘鱧科

海南細齒沙塘鱧 *Microdous chalmersi*（Nichols & Pope, 1927）

分布：包含海南島在內的中國東南部、越南北部

體長：12㎝

解說：和薩氏華黝魚（*Sineleotris saccharae*）十分相似，不過眼下沒有黑線，第二背鰭的軟條數為9～10，胸鰭的鰭條數大約為14，背鰭較前方的鱗列數為18～24。2018年根據分子系統學研究從華黝魚屬（*Sineleotris*）中獨立出來。

鰕虎目沙塘鱧科

小黃黝魚 *Micropercops swinhonis*（Günther, 1873）

分布：中國東部、朝鮮半島西部，經移殖分布於日本

體長：3～7㎝

解說：棲息於流速緩和的河川及湖沼中。以水生昆蟲、藻類等為食，屬於雜食性。繁殖期為4～7月左右，會在石塊底下產下橢圓形的卵，大約12天會孵出4㎜左右的仔魚。已確認定著於日本愛知縣，推測是混在釣餌用的蝦子而移入的。近年來，在關東地區也可以見到牠們的蹤影。

鰕虎目沙塘鱧科

河川沙塘鱧 *Odontobutis potamophilus*（Günther, 1861）

分布：長江中～下游以南的中國東部、越南北部。經移殖亦分布至日本

體長：18㎝

解說：棲息流速緩和的泥底河川中，常見於出水植物的根部附近。以魚類、甲殼類等為食，屬於肉食性。繁殖期為4～5月。2010於茨城縣利根川水系捕獲推測為本種的魚類，2017年於鄰近的水系同時捕獲了幼魚及成魚。日本的沙塘鱧十分難辨別，不過本種的第一及第二背鰭之間，與多數個體相近。可能會對日本的生態系造成影響。

暗色沙塘鱧*Odontobutis obuscura*

分布於日本的沙塘鱧屬魚類。

沙塘鱧屬魚類在日本、朝鮮半島、中國、越南有8種分布，其中分布於日本的為暗色沙塘鱧（*O. obuscura*）及斜口沙塘鱧（*O. hikimius*）這兩種。而8種沙塘鱧除了分布地之外，在身體的花紋、頭部感覺管的有無、側線孔的位置等都有不同，不過這裡介紹的河川沙塘鱧及暗色沙塘鱧十分相似，一般人難以判斷。

鰕虎目沙塘鱧科

薩氏華黝魚 *Sineleotris saccharae* Herre, 1940

分布：中國東南部

體長：8㎝

解說：棲息於山中水質清澈、多石塊的溪流流域。以魚類、水生昆蟲、甲殼類等為食，屬於肉食性。相較於日本的沙塘鱧，身形較偏向側扁型，而且婚姻期全身會變成橘色，這兩點和沙塘鱧魚類不太一樣。眼下有黑線，可以和海南細齒沙塘鱧（*Microdous chalmersi*）作區別。有時會進口至日本。

鰕虎目鰕虎科

竿鰕虎屬未鑑定種 *Luciogobius* sp.

分布：中國

體長：5㎝（照片中個體）

解說：竿鰕虎屬（*Luciogobius*）在東亞有17個有效種分布，若包含未記載的新種，可達32種。在中國有3種左右的分布，不過在中國幾乎沒有竿鰕虎類的分類學相關研究。日本的竿鰕虎分布狀況，包含未記載的新種就有31種，推測中國應該會有更多種存在。竿鰕虎的同類一般而言都會潛入淡水～海水的砂礫中及石塊底下，其中也包括洞窟性的種類。以小型無脊椎動物為食，屬於肉食性。此個體的飼養環境為淡水。

在中國的吻鰕虎同類

說到作為觀賞魚進口的中國吻鰕虎，可能會想到溪吻鰕虎（*Rhinogobius duospilus*）。不過在中國福建省及廣西壯族自治區等東南部地區還有30種以上的吻鰕虎類存在。其中還有許多如周氏吻鰕虎（*R. zhoui*）這樣婚姻色艷麗的物種，是在日本看不到的，與日本的吻鰕虎類完全不同。藉由比較的方式了解中國與日本的吻鰕虎類，也別有一番樂趣。

石塊底下可以看見吻鰕虎的同類　香港

鰕虎目鰕虎科

波氏吻鰕虎 *Rhinogobius cliffordpopei*（Nichols, 1925）

分布：長江及珠江等中國南部地區

體長：5㎝

解說：棲息於山間流動的河川及湖泊的淺水處。以水生昆蟲、小型甲殼類、藻類等為食，屬於雜食性。繁殖期為5～7月左右。照片中為幼魚，成熟的雄魚尾鰭基部會變成橘色，與日本的褐吻鰕虎族群中的吻鰕虎類似。以湖南省東北部的洞庭湖中捕獲的個體為基礎而命名。2011年以「中國橘尾吻鰕虎」的名義進口至日本。

鰕虎目鰕虎科

戴氏吻鰕虎 *Rhinogobius davidi*（Sauvage & Dabry de Thiersant, 1874）

分布：浙江省

體長：5㎝

解說：本種相關的生態情報不明。在水族箱中的習性與日本的吻鰕虎類相似。吻鰕虎屬（*Rhinogobius*）在東亞～東南亞已知大約有60種，其中分布於中國的有30種左右。中國吻鰕虎類的分類學研究還包括了棲息於越南北部等國的物種，因為相當複雜，所以也像日本的研究一樣停滯不前。

鰕虎目鰕虎科

溪吻鰕虎 *Rhinogobius duospilus*（Herre, 1935）

分布：廣東省、廣西壯族自治區、香港、越南北部

體長：3～5㎝

解說：在日本市面上數量最多的觀賞用吻鰕虎。在香港的繁殖期為3～5月，會在石塊底下產下橢圓形的卵。屬於陸封型物種，只要環境符合條件，在水族箱內也有繁殖的可能。特徵是前鰓蓋腹側的深色線條，及散布在鰓蓋腹緣到鰓膜之間的紅點。

鰕虎目鰕虎科

四川吻鰕虎 *Rhinogobius szechuanensis*（Tchang, 1939）

分布：四川省

體長：5㎝

解說：繁殖期間雄魚的身體呈暗褐色，大大的背鰭會染上橘紅色，是種非常美麗的吻鰕虎。2016年作為觀賞魚進口至日本。在中國紅皮書名錄中被列為的瀕危（EN）物種。

鰕虎目鰕虎科

瑤山吻鰕虎 *Rhinogobius yaoshanensis*（Luo, 1989）

分布：廣西壯族自治區的珠江流域

體長：4㎝

解說：棲息於山中的河川。特徵是眼下有兩條橫紋。2018年作為觀賞魚進口至日本。在中國紅皮書名錄中被列為的瀕危（EN）物種。

鰕虎目鰕虎科

周氏吻鰕虎 *Rhinogobius zhoui* Li & Zhong, 2009

雌魚

雄魚

分布：廣東省

體長：3㎝

解說：棲息於水流清澈的山間河川中。此個體產自本種模式產地的廣東省蓮花山，2013年作為觀賞魚進口至日本。朱紅色及水藍色的斑紋為其特色，是個美麗的物種。在相同棲息地，可以發現寬頭擬腹吸鰍（*Pseudogastromyzon laticeps*）及三線瘋鱨（*Tachysurus trilineatus*）。在中國紅皮書名錄中被列為的易危（VU）物種。

鰕虎目鰕虎科

吻鰕虎屬未鑑定種 *Rhinogobius* sp.

分布：廣東省蓮花山

體長：3㎝

解說：與周氏吻蝦虎（*R.zhoui*）一起上市的吻鰕虎。雖然類似溪吻鰕虎（*R. duospilus*），不過胸鰭的基底沒有兩處深色斑點，而是在胸鰭腹側呈黑色，因此分類為sp.。

鰕虎目鰕虎科

大理石蝦虎 *Rhinogobius* sp.

分布：中國

體長：4㎝（照片中個體）

解說：商品名來自其身上的斑紋。2008年作為觀賞魚進口至日本。

鰕虎目鰕虎科

蕉唇蝦虎 *Rhinogobius* sp.

雄魚

雌魚

分布：中國

體長：4㎝（照片中個體）

解說：厚厚的嘴唇帶點黃色，看起來像香蕉，因而有這樣的商品名。與戴氏吻蝦虎（*R. davidi*）相似，但詳細資訊不明。2016年作為觀賞魚進口至日本。

攀鱸目絲足鱸科

眼斑鬥魚 *Macropodus ocellatus* Cantor, 1842

分布：遼河～長江的中國東北部、朝鮮半島西部。經移殖亦分布至日本

體長：6㎝

解說：棲息於水草茂密的池塘、水田等平靜水域。主要以水生昆蟲、小型甲殼類、小魚為食。繁殖期在6～7月左右，雄魚會在水面製作泡巢，並且在巢邊保護魚卵。因為可以進行空氣呼吸，所以在溶氧量低的地方也能生存。與近緣種蓋斑鬥魚（*M. opercularis*）之間的差別在於其圓形的尾鰭。

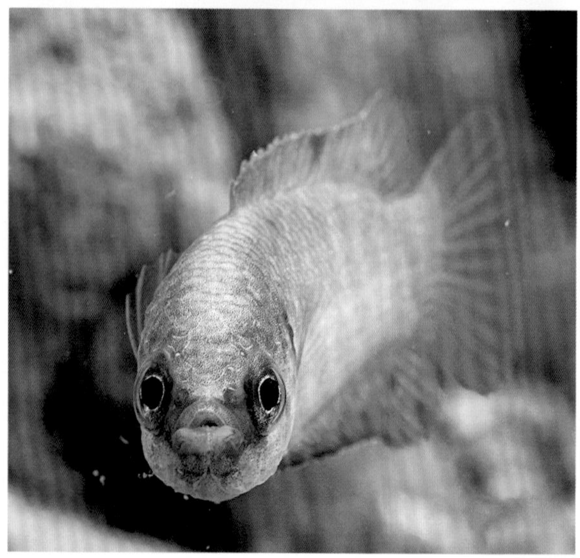

攀鱸目鱧科

烏鱧 *Channa argus*（Cantor, 1842）

分布：黑龍江～長江的中國北部地區、朝鮮半島。經移殖亦分布至日本

體長：30～80㎝

解說：棲息於水流緩和的河川及池沼中。以魚類、甲殼類、兩棲類等為食，屬於肉食性。繁殖期為5～7月，會在水草茂密的淺水處製作甜甜圈狀的浮巢，雌魚及雄魚都會保護魚卵及仔稚魚。初夏時，可以看見親魚守護在稚魚群身邊。背鰭的軟條數為45～54，臀鰭的軟條數為31～35，較斑鱧（*C. maculata*）還多。

攀鱸目鱧科

寬額鱧 *Channa gachua*（Hamilton, 1822）

分布：東亞南部～南亞

體長：15～20㎝

解說：棲息於山間水流緩和的河川中。以小魚、甲殼類、水生昆蟲等為食，屬於肉食性。夜行性。本種雄魚會將魚卵含在口中，屬於口孵魚類，這點和烏鱧（*C. argus*）及斑鱧（*C. maculata*）不同。與小型鱧屬（*Channa*）中的七星鱧（*C. asiatica*）十分相似，不同之處在於寬額鱧有腹鰭。

攀鱸目鱧科

斑鱧 *Channa maculata*（Lacepède, 1801）

分布：包含海南島的長江以南中國南部地區、越南、台灣、菲律賓。經移殖亦分布至日本

體長：50㎝

解說：棲息於流速緩和的河川及池沼中。以魚類、甲殼類、兩棲類等為食，屬於肉食性。繁殖期為6～8月，會在水草茂密的淺水處製作甜甜圈狀的浮巢，雌魚及雄魚都會保護魚卵及仔稚魚。背鰭軟條數為40～44，臀鰭軟條數為26～29，與烏鱧（*C. argus*）相較之下較少。

魨形目四齒魨科

斑腰囊魨 *Pao leiurus*（Bleeker, 1850）

分布：中國等湄公河流域、泰國～印尼的東南亞地區

體長：14㎝

解說：棲息於流動的河川及湖沼、蓄水池等處。以軟體動物、甲殼類、植物碎片等為食，屬於雜食性。此個體是由雲南省作為觀賞魚進口的。體側中央至稍微後方有個明顯的眼狀斑點，因此在日本的商品名又叫做眼點河魨。

鲀形目四齒鲀科

弓斑多紀鲀 *Takifugu ocellatus*（Linnaeus, 1758）

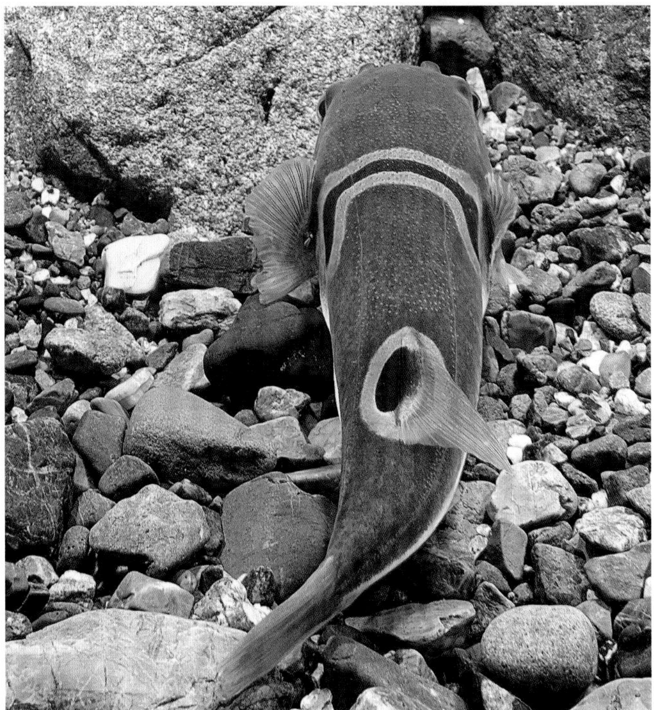

分布：中國東部、越南
體長：12 cm

解說：棲息於河川下游的淡水～海水水域，隨著成長會逐漸往海中移動。以小魚、甲殼類、水生昆蟲、貝類等為食，屬於雜食性。生殖腺及肝臟等處具有毒性。胸鰭連接背部的地方有黃色邊緣的黑斑，看起來像眼鏡，因此又稱作眼鏡娃娃。具有潛入沙中的習性。

香港的水邊環境
走在街上很難想像香港還有這樣綠意盎然的水邊環境。這裡白天很安靜，晚上會發現其實有許多生物存在。

香港的水邊生物 ～香港瘰螈及溪邊的蛙類～

●躲藏在百萬夜景山中的生物

聳立的高樓彷彿在互較高下，路上充滿了行人。狹窄的巷弄中招牌林立，夜裡盡是炫目的霓虹燈。平常受到大樓的壓迫，即使在白天也覺得藍天看起來十分遙遠。不過，即使是在這樣的香港，只要往郊外走走，還是可以看到許多保留下來的自然環境。通往山中的道路整頓完善，每到假日人們就會前往郊外尋求身心靈的放鬆。平常從事健行作為休閒活動的人口也不少。

接著就來看看我在2018年6月進行取材的3天中，遇到了哪些充滿魅力的生物吧。抵達香港國際機場的時候已經是晚上了，因此，我決定前往在這樣的時間還有交通方式，而且深夜裡也能進行水邊環境觀察的地點。這個地方就是位於香港島上，以夜景而聞名的太平山頂（Victoria Peak）。從機場前往目的地的山腳下可以搭乘巴士（車程約1小時），回程可以乘坐通往市區的纜車。這次探索的區域大致在這個範圍內。

巴士不但班次多，還是舒適的雙層巴士。原本覺得車子輕鬆愉快地穿梭在蜿蜒的斜坡上，不過就在我大意的時候，接近太平山頂時盡是陡坡和急轉彎，還得在狹窄的大樓之間通行。即使在這樣的地點，司機仍以在日本無法想像的速度行駛（體感速度80km！）。並排行進的巴士在幾乎沒有縫隙的狹窄道路上還是以高速疾行，讓人不禁捏把冷汗。

一般而言，在山中進行生物觀察應該從低處開始往上爬，會比較容易發現生物，所以這次我也循著這樣的做法進行。但是這座山從山腳開始就是突然急升的陡坡，登山步道的起點也是陡峭的階梯，導致我一開始就耗盡體力。而且，雖然發現了許多沼澤，但全都是乾枯的狀態。因為完全沒有降雨，所以林道十分乾燥，即使翻開落葉還是沒有濕潤的泥土。這也意味著生物的數量十分稀少。

在這樣的情況下，我最先發現的是「黑眶蟾蜍」。其特徵是圓滾滾的身形，在很多地方都可以發現牠的蹤跡。聽到窸窸窣窣的聲音，大概就是這個物種的聲音。樹枝上除了「無疣蝎虎」之外，還有「長鬣蜥」，牠們會藉由在樹梢休息而感受到敵人接近的震動，進而進行迴避。

黑眶蟾蜍 *Duttaphrynus melanostictus*
體型6～10㎝的蟾蜍。香港最常見的物種之一，到處都看的到。

無疣蝎虎 *Hemidactylus bowringii*
體型10～12㎝的壁虎。在日本幾乎看不到，不過在香港經常能在樹上看見牠們的身影。

長鬣蜥 *Physignathus cocincinus*
體型60～90㎝的蜥蜴。照片中的個體為幼體，原本在樹枝上睡覺，被我們吵醒。

好不容易找到了有水的沼澤，稍微順流而上，就在水邊發現了蛙類的身影。首先看見的是將身體浸在沼澤旁水窪中的「福建大頭蛙（*Limnonectus fujianensis*）」。而在溪流的岩石上，可以看見日本沒有的「棘胸蛙（*Quasipaa spinosa*）」，但是牠的戒心很強，所以無法靠近觀察。如同牠的名稱一樣，雄蛙的胸前有許多棘刺。此外，也發現了背上有十分漂亮綠色帶狀花紋的「大綠蛙（*Odorrana chloronota*）」。這個物種在遠離水邊的林道也能看見，而且棲息在這周遭的個體也不太會逃跑的樣子。不過，一旦受到驚嚇，就

大頭蛙的同類 *Limnonectus fujianensis*
體型5～7㎝的蛙類，中文名為福建大頭蛙，可以在山地的水邊看見牠。

棘胸蛙 ***Quasipaa spinosa***
體型10～14㎝，香港最大的蛙類。棲息於溪流周邊，胸前有棘狀突起。

大綠蛙 ***Odorrana chloronota***
體型5～10㎝的蛙類。體色具多樣性，從褐色至綠色等各式各樣的顏色都有。在溪流沿岸及林道中都可以看見許多大綠蛙。

盧文氏樹蛙 ***Liuixalus romeri***
香港特有種，為體型5～7㎝的蛙類。屬於小型種，照片中的個體獨自坐在水邊的岩石上。

會以驚人的彈跳力跑得不見蹤影。

不知道是不是因為5小時都在陡升的沼澤中行走，總覺得腳下十分地疲勞。隨著登山步道陡升至後半段，肉體上的痛苦也逐漸攀升，行動時必須更加小心謹慎。當我正沉浸於拍攝沿路土坡上看見的「盧文氏樹蛙（*Liuixalus romeri*）」時，草叢中突然出現很大的沙沙聲，腦中閃過「可能有眼鏡蛇」的想法，身體瞬間僵硬了一下，不過還是鼓起勇氣（心裡仍然很緊張）朝那附近查看，結果出現了一股獨特的氣味。用手電筒一照發現……竟然是豪豬，真是驚人的一遇。

或許是因為眼睛終於適應黑暗了，突然可以看見擬態為枯葉的「短腳角蟾（*Megophrys brachykolos*）」。這個物種的幼體為了攝取浮在水面上的有機質，會朝上張開漏斗般的口

短腳角蟾 *Megophrys brachykolos*

體型4～6㎝的蛙類。首見於太平山，如同其英文名Short legged一樣，腳是短的。幼蛙會張嘴朝上，像在過濾一樣，攝取漂浮於水面上的浮游物。

器。

開始爬太平山的時間是晚上7點。當我們到達山頂時，天空已經微亮。最後也沒有看到世界三大夜景⋯⋯。

●第二天：白天的河川，夜晚的瀑布

第二天開始就有可靠的夥伴加入了。這次同行的是居住在當地，對香港生物十分了解的關口拓也先生，以及渡邊和哉先生。白天時，我們決定先去尋找蜜蜂蝦的原種。我們的目的地是一條流入大欖郊野公園湖中的小河，從香港往西北邊移動，路程約40分鐘。途中，我們看見了「變色樹蜥（*Calotes versicolor*）」及稱作「長尾真稜蜥（*Eutropis longicaudata*）」的石龍子。抵達目的地的溪流後，才一撒網就捕獲了蜜蜂蝦。不過，因為顧著拍攝「大綠蛙（*Odorrana chloronota*）」，回頭

變色樹蜥 ***Calotes versicolor***

體型35～40cm的蜥蜴。照片中的個體原本在地面，後來以螺旋狀的方式爬到附近的樹上。

長尾真稜蜥
Eutropis longicaudata

體型35～40cm。屬於大型蜥蜴，身體光滑，感受到人類的動靜就會躲進草叢中。

蜜蜂蝦 ***Neocaridina* sp.**

陸封型淡水蝦類，相對容易繁殖。原產地為香港，培育改良的個體十分受歡迎。

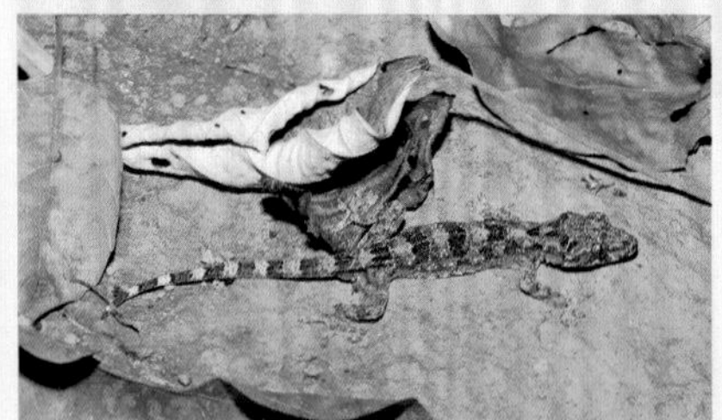

中國壁虎 ***Gekko chinensis***

體型17～18cm的壁虎。比日本常見的種類更大型。在森林中的建築物中經常看見。

一看才發現竟忘了拍下這次的重點——蜜蜂蝦的照片。

昨晚登山的疲勞加上白天的高溫（30℃），真的是倍感疲累，因此決定先回旅館準備夜間的觀察。第二天晚上的目標是瀑布。通往瀑布的路較崎嶇，對於幾乎一直在走路的筆者來說，體力已經快要到達極限。拖著疲憊步伐的同時，還要忍受濕熱的天氣。途中，我在登山步道的扶手上看見了「中國壁虎」。

走了約1小時後，終於到了瀑布。往瀑潭一看，原本以為有鰻魚，結果發現是「側條後棱蛇（*Opisthotropis lateralis*）」。手裡馬上拿起棍子，用網子將其撈起。這個物種在被抓到的時候會釋放出臭味，是相對較溫馴的蛇類，在日本，有種只棲息於沖繩縣的久留米島上的菊里後棱蛇（*Opisthotropis kikuzatoi*），是牠的近緣種。附近還有以吃蝸牛聞名的「橫紋鈍頭蛇（*Pareas margaritophorus*）」。仔細一看，還有香港特有的「香港瀑蛙（*Amolops hongkongensis*）」。此物

香港瀑蛙
Amolops hongkongensis
體型4～7㎝的蛙類。英文名稱為cascade frog，因為牠會在岩石上產下連續瀑布般的卵。（Cascade意思是小瀑布）。

種的特徵是趾間的吸盤很大。

●第三天：城市周遭的大自然

香港的水邊生物中，「香港瘰螈」可說是個著名的物種。牠對日本的水族迷來說是個熟悉的物種，價格也不貴，流通於日本市面。但牠其實是香港特有種，而且是唯一的有尾類，很難在野外看見牠的蹤跡。不過，這次我們來到距離香港約40分鐘路程的北邊鄉村，透過在其棲地河川附近設立學校的鍬田昌宏先生，及在中國大陸中山市活動的釣客村田貴紀先生的幫助，順利地完成了拍攝。

這個地點，以日本的標準來說，是個水流緩和的小河川，水量穩定。植物帶廣泛，範圍包括淺灘。老實說，我真的有點驚訝，沒想到在大都市附近竟然還能保留著這樣的環境。香港市區內的河川大多散發著近乎腐臭般的氣味，但是在郊外仍保留著許多自然環境。不過，在這種靠近住宅區的地點拍攝，有可能會與周圍的住民發生衝突，所以一定要有當地人帶路。

側條後棱蛇 ***Opisthotropis lateralis***
體長30～50㎝的蛇類。可以在水面及水中看見牠，會吃魚類及蝌蚪。

橫紋鈍頭蛇 ***Pareas margaritophorus***
體長30～50㎝的蛇類，英文名稱為slug snake。主要以蛞蝓（slug）及蝸牛為食。

香港瘰螈 *Paramesotriton hongkongensis*
體型14～15㎝的蠑螈。是唯一棲息於香港的有尾類。較大的身軀及獨特的腹部花紋為其特徵。

斑腿樹蛙 *Polypedates megacephalus*
體型5～8㎝的蛙類。和歸化於日本的物種不同，是香港的原生種。

這天的夜間觀察，我們造訪了在香港數量逐漸減少的農村地區。這個農村周邊有許多淺水區域，可以看到很多蛙類。在香港，幾乎看不到這種環境了，彷彿日本的水田。在這裡，首先映入眼簾的是「斑腿樹蛙（*Polypedates megacephalus*）」。也可以聽見此起彼落的叫聲。在農舍附近的街燈下，聚集了「亞洲錦蛙」，為了覓食而在附近徘徊。除此之外，在荷花池還發現了可以變得非常大型的「貢德氏赤蛙（*Sylvirana guentheri*）」及日本人也很熟悉的「澤蛙」。在民家附近的林地還看見了稱作光蜥（Chinese Forest Skink）的 *Ateuchosaurus chinensis*。

●最快4小時就能抵達的水邊觀察樂園

香港的水邊草木茂密，可以躲避白天的暑氣，夜裡也因為通風良好，待起來十分舒適。有近25種兩棲類棲息在這裡，其生物多樣性應該就是個宜居的證明。此外，爬蟲類的棲息數量也有90種以上。雖然在書中沒有提及，不過這裡也有許多甲殼類及水生昆蟲。從東京至香港大約5小時，從大阪出發只要4小時左右，是個水邊觀察的樂園。

（文：關 慎太郎）

【謝辭】

這次能進行安全又有收穫的調查，要歸功於關口拓也、渡邊和哉、鍬田昌宏、村田貴紀、草間啓、水谷繼等人的協助。再次致上由衷的感謝。

貢德氏赤蛙 ***Sylvirana guentheri***

體型7～10㎝的蛙類。是戒心很強的物種，照片中的個體是在田邊的蓄水池發現的。

亞洲錦蛙 ***Kaloula pulchra pulchra***

體型5～8㎝的蛙類。廣泛地分布於東南亞。照片中的個體是聚集在住家周邊燈火下的其中一隻。

澤蛙 ***Fejervarya limnocharis***

體型4～7㎝的蛙類。分類上與日本常見的澤蛙同種。

光蜥 ***Ateuchosaurus chinensis***

體長15～20㎝的蜥蜴。照片中的個體為雌性，腹中帶卵。夜裡，偶然在腳邊的落葉縫隙中發現的。

台灣・台北市 淡水河支流

台 灣

台灣做為日本人的觀光地而言，是個十分熟悉的地點，在2017年就有近190萬名日本人以觀光目的訪台。台灣是個以南北約400 km，東西約150 km的橢圓形本島及澎湖群島等小島組成的地區，島的西側為平原，從中央開始往東部延伸則是標高超過3000m的群山連成南北縱走的山脈，因此，島嶼東部沿岸也較少都市。以生物地理分區的角度來看，這裡靠近古北界及東洋界的交界處，受兩邊的影響極深。

大部分的純淡水魚都分布在西部的平原，除了半紋小鲃（*Puntius semifasciolatus*）、圓吻鯝（*Distoechodon tumirostris*）、長鰭馬口鱲（*Opsariichthys evolans*）這些與中國大陸共通的魚類之外，也有許多台灣特有種存在。例如高身白甲魚（*Onychostoma alticorpus*）及花鰍、陳氏鰍鮀（*Gobiobotia cheni*）等魚類，其他像是鰕虎科魚類中，10種吻鰕虎裡就有8種是特有種。而且，因為高山的關係，溪流水域發達，其中也有像臺灣櫻花鉤

Taiwan

〔MAP〕

大吻鰕虎

高身白甲魚

吻鮭（*Oncorhynchus formosanus*）這樣的冷水性魚類棲息。

關於與海相關的淡水魚，如同本章中介紹到的「沖繩可以看見的台灣魚類」，這些物種受到與琉球列島相似的熱帶。亞熱帶性質影響也很大。特別是可以看見多種溪鱧及瓢鰭鰕虎類。

台灣因為淡水魚類的研究興盛，所以大部分的物種都是已知狀態。此外，水族迷之間的觀賞魚流通也很盛行，著名的觀賞用基因改造螢光青鱂就是台灣發明的。不過，由於觀賞魚流通盛行，再加上氣候對熱帶性及溫帶性魚類是良好的生存環境，也讓國外外來魚種有了入侵的空間。而實際上，到都市近郊的河川及池塘進行採集也會發現東南亞及南美著名的觀賞魚——橘尾窄口鲃（*Systomus orphoides*）、巴西珠母麗魚（*Geophagus brasiliensis*）等，可以感受到台灣魚類受到的影響。在大約20年前還有日本琵琶湖香魚引入的問題，看來國外外來魚的威脅非常嚴重。

淡水河支流的親水公園中，河水流動的地點

田野調查
～尋找白甲魚（*Onychostoma*）～

●令人嚮往的白甲魚屬（*Onychostoma*）

台灣淡水魚的魚類相多樣性十分豐富，從上游至下游都有各式各樣的魚類棲息。在日本之中魚類相已經算豐富的沖繩，進行河川採集的時候，在湍急的中游及上游，幾乎沒有捕獲過在中層游泳的魚。不過，在台灣這個棲位（Niche）中就有許多魚類存在。再加上台灣有數量龐大的鰕虎科魚類棲息，因而形成了豐富的魚類相。

2018年3月進行的採集取材目標原本也有考慮具有高度多樣性的鰕虎科魚類，不過，這次還是選擇了具有稀有特徵的台灣代表性魚類「高身白甲魚（*Onychostoma alticorpus*）」所屬的白甲魚屬（*Onychostoma*）。

白甲魚屬的魚類，口部位置比中央更下方一點，方向也朝下。利用這樣的口部構造，可以像香魚那樣採食藻類。根據文獻記載，成魚會棲息於河川上游，小型個體則是會棲息在類似日本河川中香魚（*Plecoglossus altivelis*）及平頜鱲居住的環境。

在海外進行採集活動時需要獲得各方面的許可，因此這次完全是仰賴「台北市立動物園」工作人員的協助。動物園設置了「保育研究中心（Conservation & Research Center）」，其中的3位研究員就是協助完成筆者期望的幫手。

首先，我們在動物園進行了謹慎的行前會議。但是在告知目的魚種後，卻突然被告知「這次的採集場域，也就是台灣北部並沒有高身白甲魚」，才剛開始就出師不利。正當覺得無望的時候，研究員又說「如果是同屬的台灣白甲魚（苦花）的幼魚，說不定有捕獲的機會」，聽起來還能抱著一絲希望。不過，還是不能就此安心。若最後沒有找到的話，這趟旅程就失去意義了。

●台灣北部：淡水河支流

我心中抱著期待，從位於台北市南方的台北市立動物園驅車前往北上約30分鐘的地點。從城市離開到稍微郊區的地方，我們到了位於淡水河邊一個類似親水公園的地方，開始進行調查。從公園通往河川的路徑十分簡單。

雖然水有點混濁，但還是能看到深深的魚影。台灣的研究員們不知道是不是沒有穿著日本常見的釣魚褲的習慣，穿著長褲就直接走進河中。

而捕撈用的工具也是日本所沒有的形狀。雖然裝備上令人有點不安，不過研究員們的技巧驚人地流暢，那散發出自信的動作給我「似

台灣白甲魚
Onychostoma barbatulum**（苦花）**

本次調查的主要目標。全長10～35㎝，不過照片中的個體全長約為10㎝。雖然是小型魚類，但是體格十分具有魄力。和棲息於中上游的香魚一樣，具有嚼食藻類的習性，而為了方便進食，口部是朝下的。

以適合小河的投網方式進行調查。

在日本找不到的蚊帳型魚籠。

乎能捉到很多」的期待感。

看到轉眼間布置好的魚籠，還以為這樣就結束了，結果緊接著又拿出手投網，拋了兩三次。就在我沉浸於漁網劃出的美麗圓形時，魚也已經抓到了。

在台灣首先遇到的是「臺灣鬚鱲」。接著捕獲的是「纓口台鰍（*Crossostoma lacustre*）」。因為纓口台鰍原本就是日本所沒有的物種，所以也沒有採集經驗，原本以為在水流湍急的地方會不方便採集，沒想到竟然能用手投網的方式捕撈。往水中看，可以看見他們在石頭之間快速游動的身姿，或許是因為正好要從攝食青苔的地方逃跑，就被魚網抓到了。隨後，手投網中又抓到了「台灣石𩼧」。牠們十

台灣石賓 *Acrossocheilus paradoxus*

全長10～20㎝。台灣特有種。照片中的個體還是幼魚，成長至成魚時吻部會突出，因此在日文中又稱作「鼻曲」。

臺灣鬚鱲 *Candidia barbata*

全長10～18㎝。台灣特有種。又稱作台灣馬口魚。

纓口台鰍 *Crossostoma lacustre*的成魚

全長5～10㎝。是日本沒有的爬鰍科魚類。照片中的個體為雌魚，腹部可看見透出的魚卵。

明潭吻鰕虎 *Rhinogobius candidianus*

全長6～8㎝。在台灣有許多吻鰕虎的同類。照片中的個體為雌魚，或許是因為接近產卵期間，發現時是躲在岩石底下的。

分好戰，放入水族箱中觀察可以看到牠們追趕其他個體的樣子，由此推測應該具有強烈的領域性。或許也是因為這個原因，捕獲數量並不多。捕捉到的個體看起來還很可愛，但是長大之後，雄魚臉上會出現追星，魚鰭也會變長，看起來會更有氣勢。

大約過了2個小時，我們開始回收一開始設置的魚籠。捕獲的生物中有許多沼蝦類，我們也採集到了混在其中的鰕虎。台灣的鰕虎種類繁多，已知有12種左右，這次捕獲的是明潭吻鰕虎（*Rhinogobius candidianus*）。除此之外沒有抓到其他魚類。

查看魚籠的同時，投網調查仍然持續進行中，筆者也試著挑戰了幾次手投網。和日本的手投網相比，台灣的較小型，鉛錘也較輕。感覺若在水較深的地點使用，在鉛錘沉到水底之前魚就逃走了，可能是因為筆者一邊抱著這樣的負面想法一邊撒網，所以最後什麼都沒抓到。

就在有點意志消沉的時候，卻突然傳來好消息。那時筆者已經放棄投網開始拍攝風景，忽然聽到有人大聲呼叫。往漁網內一看，竟然就是期待已久的台灣白甲魚幼魚。牠和高身白甲魚相比體高較矮，身體細長，口部看起來也不太一樣。口部偏下方的表情有種說不出的魅力。因為看到日本沒有的魚類而感動是身為一名魚類愛好者的天性吧。因為目標提早達成，我又貪心地提出了新的目標魚種。

●淡水河中游

我們接著往下個地點移動，從目前的地點往南到「淡水河」中游撒網。到達目的地後，才在討論是否要開始投網時，就聽到了捕獲生物的消息。跑過去一看，網子裡的魚帶有從來沒看過的體色！不過仔細一看才發現，原來是吳郭魚的幼魚及巴西珠母麗魚的幼魚啊。這麼一來才想起，之前就有聽說台灣的河川中有許多外來種，不過在中游這樣水流湍急的地點也有外來種存在，還是令人感到吃驚。

淡水河中游
流速緩和的河川中可以看見密集的魚影

這裡的上游有深水處，可以看見許多釣客。事實上，台灣的遊釣人口非常多，這天也有4～5人在此聚集，請對方讓我們看了一下水桶中的戰利品，發現是體型大於標準䱻屬魚類的花䱻（*Hemibarbus maculatus*）。

筆者不服輸地拿起了撈網，展現日式的魚類採集方式，一般統稱為「咖沙咖沙（用腳去踢垂入岸邊的植物的根部，將魚趕入網中）」。死命地翻開急流中的石塊，並且在下游用撈網接著，就抓到了剛才在河川中捕獲的纓口台鰍（*Crossostoma lacustre*）的幼魚。

為了適應急流環境，牠們的體高較低，且具有吸盤狀的腹部可以吸附在石頭上。同行的研究者說，頭部後方有紅點為纓口台鰍（*C. lacustre*）的特徵。

撈起混著砂礫的濁水，發現網中捕獲了2種鰍科魚類。一種大概是與中華花鰍（*Cobitis sinensis*）相近的泥鰍，另一種則是類似花鰍的*Cobitis* sp.。

或許是因為採集方式和魚類習性都和日本不同的關係，不管有多努力地抓，都還是只有這些。在這之後，負責投網的組別捕捉到了平頜鱲。台灣的平頜鱲和棲息於日本的平頜鱲屬於同種，但是在台灣俗稱「日本溪哥」的平頜鱲為外來種，與台灣本土長鰭馬口鱲有所區別。

●琳瑯滿目的水族箱教室「新莊區裕民國小」

以撈網進行調查
一一翻動石頭，尋找吻鰕虎

台灣的國小和日本不同，有特殊的機制可以防止班級招生不足的情況發生。位於新北市的新莊區裕民國小對魚類愛好者而言，可以說是「夢幻學校」。

與中華花鰍（*Cobitis sinensis*）相近的花鰍屬未鑑定種（*Cobitis* sp.）

全長4～8㎝。原本在砂上靜靜地吃東西，一受到驚嚇就馬上潛入砂中。

纓口台鰍（*Crossostoma lacustre*）的幼魚

全長5～10㎝，可以在急流中看見牠的蹤影。胸鰭較大，且具有吸附力。

巴西珠母麗魚*Geophagus brasiliensis*的幼魚

照片中為全中8㎝左右的個體。看到各種外來種存在實在令人遺憾，而本種又是數量特別多的外來物種。

花鯖*Hemibarbus maculatus*

全長20～40cm。這是釣客採集到的花鯖，約為幼魚斑剛消失時的尺寸。

吳郭魚*Oreochromis niloticus*的幼魚

照片中為全長5cm的個體。在日本也有部分養殖，是原產於非洲的外來種。有各種尺寸存在。

平頜鱲*Zacco platypus*

全長10～13cm。與日本的平頜鱲同種。

中華花鰍的花鰍屬未鑑定種（*Cobitis* sp.）

全長4～8cm，雖然類似花鰍，但似乎是未記載的品種。砂地上有許多牠們的蹤影。

這所學校裡的魚類水族箱數量十分驚人，已經遠超過小學等級了。這次帶我們參觀的鍾宸瑞老師在台北魚類研究者之間也是位著名的人物。這裡的學生們對魚類也很感興趣，可以看見他們四處觀察水族箱的樣子。

照片中學生正在觀察的是全校要共同照顧的青鱂（*Oryzias latipes*），台灣的青鱂數量非常少，目前有許多機構正在進行棲地以外的保育工作。青鱂在台灣又稱作米鱂或稻田魚，或許是因為以前多存在於稻田等處，不過現在只有在少數地點才能看到牠們。看向隔壁水族

新莊區裕民國小 水生教室入口
教室前擺放著水蓮盆栽，小學生們在看裡面的青鱂。

箱，可以看到看見許多蓋斑鬥魚（*Macropodus opercularis*）在水中悠游。因為體型大小一致，所以推測是以完全養殖的方式培育出來的。

還有另一種史尼氏小鲃（*Puntius snyderi*），也有在進行人工繁殖。由於台灣的小鲃類數量正在減少，我原本心想「這個小學頂多就繁殖這3種魚類而已吧」，沒想到進到教室後發現裡面竟然充滿了水族箱。在整齊排列的大型水族箱中看到將近1m的鱸鰻（*Anguilla marmorata*）；其餘漂亮的展示水族箱中還有長鰭馬口鱲（*Opsariichthys evolans*）很有活力地游動著。再看看牆壁，上面整齊地掛著許多魚網，對魚類愛好者來說真的是令人羨慕又憧憬的教室。

看著筆者驚訝的模樣，鍾宸瑞老師似乎很滿意，接著說裡面還有其他房間。一邊看著老師充滿自信的笑容，一邊走進下一個房間，裡面大約有150個水族箱緊密地排列在一起。除了高身小鰾鮈（*Microphysogobio alticorpus*）、日本的中華細鯽同屬的菊池氏細鯽（*Aphyocypris kikuchii*）、七星鱧（*Channa asiatica*）、大鱗梅氏鯿（*Metzia mesembrina*）與台灣梅氏鯿（*M. formosae*）等珍貴的魚類之外，還有陳氏鰍鮀（*Gobiobotia cheni*）及飯島氏銀鮈（*Squalidus iijimae*）也默默地在裡面游動。

水生教室的室內
在明亮的教室中，窗邊擺滿了大型水族箱。

陳氏鰍鮀（*G. cheni*）及飯島氏銀鮈（*S. iijimae*）等魚類除了飼養難度之外，外觀上也有其特色，尤其是前者，光是看著牠的觸鬚生長位置及動作就會著迷到忘了時間。此外，這裡也有在進行半紋小鲃（*Puntius semifasciatus*）及革條田中鰟鮍（*Tanakia himantegus*）的人工繁殖。而且，這裡的每個水族箱都維護地很好，讓人看著就覺得舒服。

在這裡就覺得吃驚還太早了，推開門往外走，映入眼簾的是一個迷你水族館。鍾宸瑞老師採集到的魚類就放在30個左右的大型水族箱內（尺寸120㎝），分別依照其棲息環境進行組合及展示。其中包含翹嘴鮊（*Culter alburnus*）及圓吻鯝（*Distoechodon tumirostris*）；台灣白甲魚（*Onychostoma barbatulum*）及粗首馬口鱲（*Opsariichthys pachycephalus*）；大眼華鯿（*Sinibrama macrops*）及餐條

台灣鰍鮀*Gobiobotia cheni*
全長5～10㎝，台灣特有種，棲息於清澈河流的中下游。屬於低棲魚類，很擅長用觸鬚覓食。

飯島氏銀鮈*Squalidus iijimae*
全長5～10㎝，台灣特有種，棲息於清澈河流的中下游。與日本的細銀鮈十分相似。在水族箱中會成群游動。

（*Hemiculter leucisculus*）等，種數超過50種，說不定已經涵蓋了鰕虎以外，大部分棲息於台灣的魚類。

再次聲明，這裡不是水族館，而是普通的國小。大致參觀過一圈，看著教室的牌子上寫著「水生教室」這樣的文字。沒錯，這間學校透過身邊的淡水魚讓小學生們學習環境問題，用這種特別的方式收服孩子們的心。

事實上，不只是教室，校園內還有一個認真打造的生態池可以進行魚類觀察。這裡可以看到青鱂及青蛙，伴隨著茂密的水生植物，呈現出生態平衡的樣貌。而這裡的水源是來自於上述的水生教室。展示水族箱的水是使用貯存並過濾的雨水，同時利用溢流過濾的方式讓水流入生態池。雖然想要在這裡參觀一整天，但是老師還有「本業」的課要上，約好會再來拜訪之後便依依不捨地離開國小。

●南北各異的台灣魚類令人深深著迷

台灣的生物相與中國大陸及日本相關，對於日本及亞洲的魚類分化及多樣性的研究而言，是個非常值得探索的地區。單純就台灣本島來看，南北狹長的地理特徵造就了差距極大的魚類相，這也是令人著迷的一個特點。像是高身白甲魚就棲息在南部的溪流環境中，看來又有理由可以再度造訪台灣了。

（文：關 慎太郎）

養殖室

排列著150個以上的水族箱。由1位教師負責維護。

教室外側的迷你水族館（展示區）

宛如迷你水族館的場所。有青鱂及蓋斑鬥魚等魚類，也有附上淺顯易懂的解說。

校園內的生態池及導覽的老師們

生態池的水源是從水生教室及迷你水族館的水回收再利用的。照片前列右邊數來第二位就是鍾宸瑞老師。

【謝辭】

本調查在各方面受到了「台北市立動物園保育研究中心」諸位的協助。在此要特別向張廖年鴻博士、林宣佑博士、戴為愚博士致上由衷的感謝。

鰟鮍魚類的棲息地

據說可以看見革條田中鰟鮍，可惜最後沒有找到。後悔沒有帶著釣具搭配使用。

將類似日本「魚籠」的漁具（照片左）放入水中。沒有抓到目標的鰟鮍，只有大肚魚（*Gambusia affinis*）及真吻鰕虎（*Rhinogobius similis*）（右側照片）。

鄰近鰟鮍魚類棲地的水田

這裡入夜後會出現許多青蛙。往溝渠內看，除了黃鱔（*Monopterus albus*）之外沒看到其他魚影。

雖然沒看到魚影，卻在水田中發現許多雙殼貝類。應該是田蚌或蜆類。

海鰱目大海鰱科

大海鰱 *Megalops cyprinoides*（Broussonet, 1782）

分布：印度、西太平洋

體長：50㎝～1.5m

解說：成魚雖然是在海中生活，但是幼魚會入侵汽水域及淡水域。以魚類及甲殼類為食，屬於肉食性。仔魚呈透明柳葉形，和鰻魚類的柳葉鰻（leptocephalus）一樣。本屬是由2種組成，另一物種棲息於大西洋，是著名的遊釣魚——大西洋大海鰱（*M. atlanticus*）。

鰻形目鰻鱺科

鱸鰻 *Anguilla marmorata* Quoy & Gaimard, 1824

分布：印度、太平洋

體長：70㎝～2m

解說：5～6㎝左右的幼魚是棲息於河口的泥底環境，進入雨季時會開始逆流而上。成魚棲息於水流緩和的河川中～上游及池沼中。屬於夜行性，白天會躲在岩石底下。分布於台灣全境，在東部特別多。以魚類、甲殼類、兩棲類等為食，屬於肉食性。和日本鰻（*A. japonica*）一樣，屬於在海中產卵的降河洄游魚類。

鰻形目鯙科

玫唇蝮鯙 *Echidna rhodochilus* Bleeker, 1863

分布：東印度～西太平洋

體長：30㎝

解說：棲息於河川淡水域～汽水域。主要以甲殼類為食，屬於肉食性。屬於夜行性，白天會躲在岩石底下。眼睛到下頜之間有不規則的白斑，因為全身都是深色的，所以白斑特別明顯。牠的日文名稱（直譯：涙蝮鯙）也是源於此特徵。英文名稱則為Pinklipped moray eel。2016年於安達曼．尼科巴群島也有牠的目擊報告。在已知的16屬200種鯙科魚類之中，本種是少數的淡水性種類。

鯉形目鯉科光唇魚屬

高身白甲魚 *Onychostoma alticorpus*（Oshima, 1920）

分布：台灣南部及東部

體長：30㎝

解說：棲息於湍急、多石塊的河川上游。主要以藻類為食，屬於雜食性。稱作鏟頜的口部構造可以刮取食用附著在岩石上的藻類，行為模式類似香魚（*Plecoglossus altivelis*）。性情兇猛，領域性強。幼魚時期體高還不高，隨著成長會逐漸變高。在台灣被列為瀕臨滅絕的物種。

由側面觀察口部

由前方觀察口部

鯉形目鯉科光唇魚屬

台灣白甲魚 *Onychostoma barbatulum*（Pellegrin, 1908）

分布：台灣、浙江省、福建省、廣東省、廣西、廣西壯族自治區的中國東南部

體長：20㎝

解說：棲息於低溫、水質清澈，具有石塊且湍急的河川上游。主要以藻類為食，屬於雜食性。和高身白甲魚（*O. alticorpus*）一樣會刮食附著在岩石上的藻類。本屬在台灣只有2個物種分布，而本種廣泛地分布於台灣及中國東南部。背鰭上最長的棘狀軟條並非鋸齒狀，尾鰭呈上下兩葉，口角有一對口鬚。近年來因為建設開發，棲地被剝奪而造成個體數減少。

鯉形目鯉科光唇魚屬

台灣石鱝 *Acrossocheilus paradoxus*（Günther, 1868）

分布：台灣西部

體長：18㎝

解說：棲息於流速快且溶氧量高的河川上游。以水生昆蟲、甲殼類、貝類、藻類等為食，屬於雜食性。成魚在白天時大多會躲在岩石的陰影底下。在台灣為食用魚，但是魚卵具有毒性，會引起腹痛、頭暈、嘔吐，調理時須將魚卵去除。在台灣也有被移殖到東部，屬於國內外來種。口部靠近腹側，吻部突出，因此在日文中又稱作「鼻曲」。

鯉形目鯉科鲃亞科

橘尾窄口鲃 *Systomus orphoides*（Valenciennes, 1842）

分布：自然分布於南亞～東南亞

體長：25㎝

解說：棲息於流速緩和的中小型河川中，經常成群出現。以甲殼類及藻類為食，屬於雜食性。本種的原產地為南亞～東南亞地區，在台灣為國外外來種，屬於水族觀賞魚，經人為不當放流後，已能在野外自然繁殖。

鯉形目鯉科鲃亞科

半紋小鲃 *Puntius semifasciolatus*（Günther 1868）

分布：台灣西部及南部、包含海南島的中國南部

體長：8㎝

解說：棲息於低地，水草茂密的小河、池塘、灌溉溝渠等處。以水生昆蟲、甲殼類、藻類等為食，屬於雜食性。雄魚的體高較雌魚矮，雄魚的婚姻色是腹部會變紅。台灣還有同屬的史尼氏小鲃（*P. snyderi*），本種具有以下特徵可以輕易地與其區別：體側的縱紋有7～10條，觸鬚較長較粗。種名有半條紋的意思。飼養容易，在飼養環境下壽命為4～6年左右。

鯉形目鯉科鲃亞科

史尼氏小鲃 *Puntius snyderi* Oshima, 1919

分布：台灣北部及中部、中國

體長：8㎝

解說：棲息於低地，水草茂密的小河、池塘、灌溉溝渠等處。以水生昆蟲、甲殼類、藻類等為食，屬於雜食性。雄魚的體高較雌魚矮，雄魚的婚姻色是腹部會變紅。台灣還有同屬的半紋小鲃（*P. semifasciolatus*），本種與其的差別在於縱紋只有4～5條，觸鬚極短，可以輕易地區分。因為台灣環境惡化的關係，個體數逐漸減少中。種名是基於對日本魚類學發展貢獻良多的美國魚類學者J.O. Snyder的感謝而命名的。

鯉形目鯉科䰾亞科

何氏棘䰾 *Spinibarbus hollandi* Oshima, 1919

分布：台灣南部及東部

體長：40㎝

解說：棲息於稍微流動的砂礫底河川中下游，是台灣特有種。以魚類、甲殼類、水生昆蟲、兩棲類等為食，屬於肉食性。本屬在中國、台灣、越南有10種分布，中國大陸還有形態上十分類似的喀氏倒棘䰾（*S. caldwelli*）分布，有說法認為兩者屬於同種。另外還有結魚屬（*Tor*）及新光唇魚屬（*Neolissochilus*）這兩屬外觀和本種相當相似的存在，不過䰾亞科和這兩者關係其實非常遠。照片中的個體為體長5㎝左右的幼魚，成長為大型魚時看起來會很有氣勢，近年在日本也有人將其當作觀賞魚類。在台灣也是很受歡迎的觀賞魚，在台灣西部也有其入侵的蹤跡，屬於國內外來種。因為背鰭邊緣是黑色的，因此在日文中又稱作黑鰭䰾。

鯉形目鯉科鱊亞科

高體鰟鮍 *Rhodeus ocellatus ocellatus*（Kner, 1866）

分布：台灣、中國東部。亦有移殖至日本等地。

體長：5～7㎝

解說：棲息於台灣低地，流速緩和的河川及池沼中。以水生昆蟲、藻類等為食，屬於雜食性。在台灣為常見的魚類。台灣已知的鰟鮍魚類有3種，其中分類為鰟鮍屬（*Rhodeus*）的只有本種。與棲息在相同區域的革條田中鰟鮍（*Tanakia himantegus himantegus*）相比，本種更常見於低透明度的靜止水域。根據群體遺傳學的研究，比起長江上游及越南北部的群體，本種的台灣群體與朝鮮半島、長江以北中國東部沿岸的群體更為接近。

鯉形目鯉科鱊亞科

革條田中鰟鮍 *Tanakia himantegus*（Günther, 1868）

分布：台灣

體長：5㎝

解說：棲息於平原的湖泊及池沼中。棲息環境與台灣的另一種齊氏田中鰟鮍（*T. chii*）不同，*T. chii*比較喜歡水田及較淺的溝渠。會在*Pronodularia japanensis*這種小型貝類中產卵。雄魚的婚姻色為背鰭、臀鰭、虹彩、鰓蓋會變成紅色。對於水質較敏感，近年來因為環境汙染及開發導致個體數減少。根據2014年發表的鰟鮍類分子系統學分析，有人主張本種應獨立為新屬*Paratanakia*。

鯉形目鯉科鮈亞科

高身小鰾鮈 *Microphysogobio alticorpus* Bănărescu & Nalbant, 1968

分布：大安溪～高屏溪之間的台灣中部及南部

體長：8㎝

解說：棲息於水流緩和、相對較淺的砂礫底河川中下游。以水生昆蟲及藻類等為食，屬於雜食性。台灣的小鰾鮈魚類除了本種之外，還有短吻小鰾鮈（*M. brevirostris*）分布。本種體高較低，側線鱗列數為35～37。

鯉形目鯉科鮈亞科

短吻小鰾鮈 *Microphysogobio brevirostris*（Günther, 1868）

分布：台灣後龍溪到蘭陽溪的範圍

體長：9㎝

解說：棲息於水流緩和、相對較淺的砂礫底河川中下游。以水生昆蟲及藻類等為食，屬於雜食性。與高身小鰾鮈（*M. alticorpus*）相比，體高較高，側線鱗列數為38～40。

鯉形目鯉科鯝亞科

翹嘴鮊 *Culter alburnus* Basilewsky, 1855

分布：台灣西部、俄羅斯東南部、蒙古、中國、越南北部

體長：通常為20～40㎝（最大80㎝）

解說：棲息於低地的大河川、湖泊中。繁殖期在初夏～初秋時期。在東亞，自古以來都被當作重要的食用魚類，經常出現在中國及越南的市場上。在全長1㎝左右的稚魚時期會吃藻類，隨著成長會逐漸改吃水生昆蟲及甲殼類，體長超過20㎝時就會傾向以魚類為食。

鯉形目鯉科鯝亞科

紅鰭鮊 *Chanodichthys erythropterus*（Basilewsky, 1855）

分布：台灣西部、俄羅斯東南部、蒙古、中國、越南北部

體長：通常45㎝（最大1m）

解說：棲息於低地的大河川的下游處、湖泊中。以小魚、甲殼類、水生昆蟲、藻類等為食，屬於雜食性。繁殖期在夏～秋初時期，會在傍晚於靠近岸邊的淺水處產卵。幼魚會在岸邊生長，成魚後就會遠離岸邊的表層活動。

鯉形目鯉科鯝亞科

大眼華鯿 *Sinibrama macrops*（Günther, 1868）

分布：台灣北部及中國南部

體長：18㎝

解說：棲息於緩流的深水河川中下游，以水生昆蟲、貝類、藻類等為食，屬於雜食性。與團頭魴（*Megalobrama amblycephala*）相似，但是體高較低，還有可辨識的特徵為大眼睛。幼魚時期體側有一條灰色的縱帶，大多會隨著成長消失，不過也有一些個體的縱帶不會消失。

鯉形目鯉科鯝亞科

菊池氏細鯽 *Aphyocypris kikuchii*（Oshima, 1919）

分布：台灣東部及北部

體長：5～7㎝

解說：棲息於水草茂密的小河及湖沼中。主要以水生昆蟲等為食，屬於雜食性。依狀態，有時體側會呈現一條深色縱帶。型態及基因方面與日本本土的中華細鯽（*A. chinensis*）相近。因為外來種的捕食及棲地競爭等因素，個體數逐漸減少中。

鯉形目鯉科鯝亞科

台灣副細鯽 *Aphyocypris moltrechti*（Regan, 1908）

分布：台灣中部

體長：7㎝

解說：棲息於水質清澈、水草繁茂的緩流小河及池塘中。主要以水生昆蟲等為食，屬於雜食性。分布地區包括烏溪、濁水溪水系上游，以及台灣最大的湖泊日月潭附近，因為開發等因素使得棲地被剝奪，進而造成個體數減少。與日本本土的中華細鯽（*A. chinensis*）及錦波魚（*Hemigrammocypris rasborella*）相近。

鯉形目鯉科鯝亞科

台灣鬚鱲 *Candidia barbata*（Regan, 1908）

分布：台灣北部及西部

體長：15㎝

解說：棲息於水質清澈的河川中～上游，遍及高地至低地等各式各樣的環境。主要以水生昆蟲、甲殼類及小魚為食，屬於雜食性。闊嘴，生態習性與棲息於日本的特氏東瀛鯉（*C. temminckii*）十分相似。體色也像特氏東瀛鯉一樣，體側有一條深色縱帶，在尾柄處有稍微寬一點。特徵是口角有一對短的頷鬚。雖然成長速度慢，但是在日本的戶外環境還是有能力度過冬天。產卵方式和特氏東瀛鯉一樣，會將魚卵散布在砂礫上。

鯉形目鯉科鯝亞科

屏東鬚鱲 *Candidia pingtungensis* Chen, Wu & Hsu, 2008

吃飼食的樣子

分布：台灣南部

體長：15㎝

解說：棲息於水質清澈的流動河川中～上游。稚魚會在靠近岸邊的淺水處活動，成長至成魚之後會往深水處移動。主要以水生昆蟲、甲殼類、小魚為食，屬於雜食性。直到2008年為止，因為型態與台灣鬚鱲（*C. barbata*）非常相似，因此被歸類為同種，但是其側線鱗列數為47～50，比台灣鬚鱲（*C. barbata*）的54～57還少，口角有兩對頜鬚。生態習性也與台灣鬚鱲（*C. barbata*）相同。

鯉形目鯉科鯝亞科

長鰭馬口鱲 *Opsariichthys evolans*（Jordan & Evermann, 1902）

分布：台灣北部、中國南部

體長：12㎝

解說：棲息於河川中游，以藻類及水生昆蟲等為食，屬於雜食性。善游，在河川中可以快速地游動。從Jordan and Evermann（1902）的紀錄以來，本種就長期被當作是平頜鱲（*Z. platypus*）的異名同種，最近在台灣的平頜鱲、馬口鱲分類學整理過程中才被確認為有效的物種。特徵是雄魚的胸鰭末端長度超過腹鰭根部，和日本的平頜鱲相比，側面花紋為淡淡的粉色底配上約10條綠色橫紋。

鯉形目鯉科鯝亞科

粗首馬口鱲 *Opsariichthys pachycephalus* Günther, 1868

分布：台灣西部

體長：18㎝

解說：棲息於河川中上游及湖泊中。幼魚以藻類及小型無脊椎動物為食，成魚則是傾向以魚類為食，生態習性與日本的真馬口鱲（*O. uncirostris*）相似。早期，台灣南部高屏溪的個體群也被認為是本種，不過因為外型及骨骼、基因上都有差異，所以現在是名為高屏馬口鱲（*O. kaopingensis*）的其他物種。在大型水族箱中較容易繁殖，春季時會像平頜鱲（*Z. platypus*）一樣在砂礫上以散布的方式產卵。孵化的仔魚沒有黑色素細胞，會在砂礫之間生活一段時間，待魚鰭發展成熟後才會往上游動。

鯉形目鯉科鯝亞科

平頜鱲 *Zacco platypus*（Temminck & Schlegel, 1846）

分布：台灣北部

體長：15㎝

解說：棲息於河川下游為主的各種環境中。雜食性。本種是在大約20年前和琵琶湖的香魚（*Plecoglossus altivelis*）一起從日本引進的，因為人為流放至台北淡水河，目前已在台北定著，為國外外來種，與本土的馬口鱲屬（*Opsariichthys*）魚類形成競爭關係。在日本的分布也十分廣泛，對棲息環境的適應力強。一看就能發現與台灣原生馬口鱲魚類的不同之處，平頜鱲體側的花紋是深綠底搭配淺紅色的橫紋。以台灣平頜鱲的名稱進口至日本當作觀賞魚，不過非常少見。

鯉形目鰍科

台灣鰍屬未鑑定種 *Cobitis* sp.

分布：台灣南部

體長：4～8㎝

解說：棲息於水質清澈，水流緩和的河川中。推測食性與日本的鰍屬魚類相同。此魚應該和2005年7月出版的《台灣淡水魚類原色圖鑑》（陳義雄・張詠青著）登場的魚類相同。本書中，除了本種以外，還有收錄名為*Cobitis* cf. *sinensis*的魚類，其分布於台灣西北部。台灣就像這樣存在著數種鰍屬（*Cobitis*）魚類，至今在分類學上尚未釐清。

鯉形目腹吸鰍科

纓口台鰍 *Formosania lacustris*（Steindachner, 1908）

分布：台灣北部及西部

體長：12㎝

解說：棲息於水質清澈的流動河川中上游流域。以附著在岩石上的藻類及水生昆蟲等為食，屬於雜食性。許多特徵與爬鰍類相同，腹部平坦具有吸盤可以適應湍急水流，體高較低。和同樣以藻類為食的香魚（*Plecoglossus altivelis*）一樣，領域性強，會驅趕其他個體。身上的雲狀花紋為其特徵。

模樣的變異

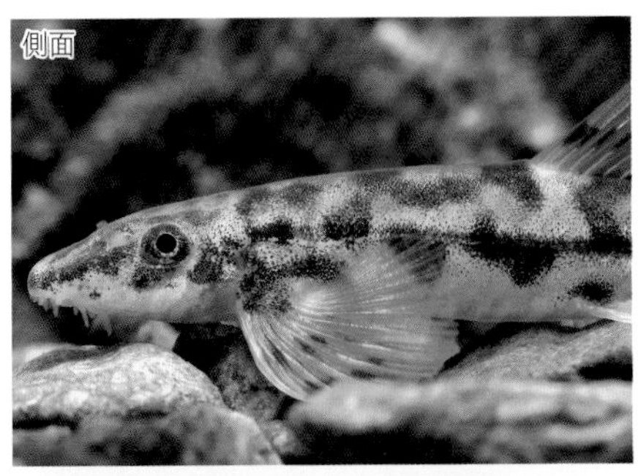

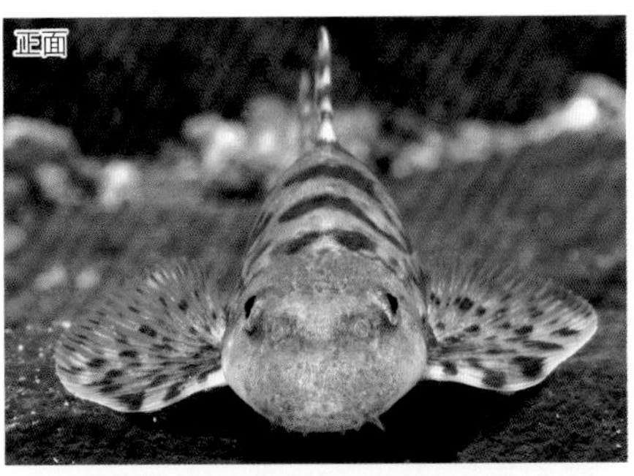

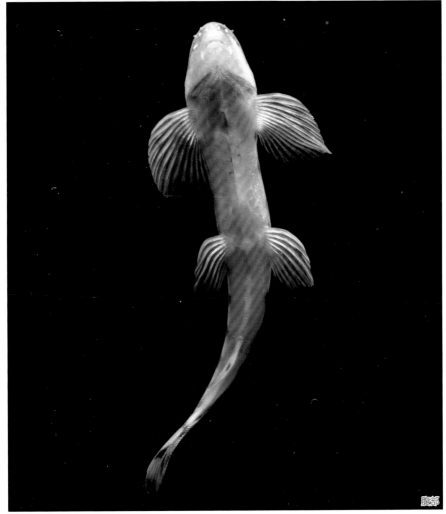

腹部

鯰形目鱨科

長脂瘋鱨 *Tachysurus adiposalis*（Oshima, 1919）

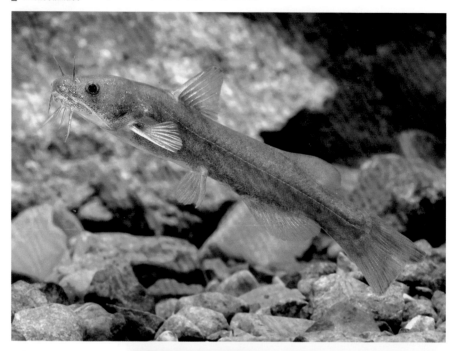

分布：台灣、中國南部的廣東省

體長：18㎝

解說：棲息於水流緩和的河川中。以小魚、水生昆蟲及甲殼類等為食，屬於肉食性。夜行性。生態習性與日本的越南瘋鱨（*T. tokiensis*）等瘋鱨魚類相同。在台灣與中國南部有許多共通種，可以看出生物地理上的緊密關係。此個體是由台灣進口。過去被分類為鮠屬（*Leiocassis*），因此是以脂鮠（*Leiocassis adiposalis*）這個商品名進口至日本。由於瘋鱨（*T. fulvidraco*）在日本已被列為特定外來物種，而本種也有可能入侵日本生態，未來或許也會成為管制對象。

台灣的吻鰕虎魚類

吻鰕虎魚類可說是日本人到河邊戲水時一定抓得到的魚類，飼養時也十分親人，是既熟悉又可愛的魚類。這個種類在以東亞為中心的區域內已知有70種以上，是個非常大的群組，色彩變化也十分豐富，生態方面可分為陸封型、兩側洄游型、流動水域及靜止水域等各種的區域。在台灣有10種分布，除了真吻鰕虎及蘭嶼特有的蘭嶼吻鰕虎（*Rhinogobius lanyuensis*）之外，有8種為台灣特有種。接著將介紹10種台灣吻鰕虎魚類之中的9個種類。

自然豐富的河川流域　台灣・台北市

鰕虎目鰕虎科

明潭吻鰕虎 *Rhinogobius candidianus*（Regan, 1908）

分布：台灣北部～中西部

體長：8㎝

解說：棲息於流速相對較快，有小石子及砂礫底的河川中上游流域。陸封種。以水生昆蟲及小型甲殼類等為食，與日本的吻鰕虎魚類一樣，屬於肉食性。種名中雖然包含台灣的日月潭，但是本種是棲息在河川中的吻鰕虎魚類，並沒有分布在日月潭。與其他吻鰕虎魚類不同的特徵為頭部後方背面的被鱗區域朝向頭部呈山型，雌魚及大部分的雄魚的臉頰上都沒有小斑點，縱列鱗數為34～38。

鰕虎目鰕虎科

細斑吻鰕虎 *Rhinogobius delicatus* Chen & Shao, 1996

分布：台灣東部

體長：7㎝

解說：棲息於流速相對較快，有小石子及砂礫底的河川上游流域。以水生昆蟲及小型甲殼類等為食，與日本的吻鰕虎魚類一樣，屬於肉食性。胸鰭的鰭條數為17～19，臉頰上散布了許多極小的紅褐色斑點。在台灣東部因為人為移殖的明潭吻鰕虎（*R. candidianus*）排擠其生存環境，造成個體數逐漸減少。種名delicatus的命名靈感是來自於纖細的小斑點。

（上）（右）照片提供者為周銘泰先生

鰕虎目鰕虎科

大吻鰕虎 *Rhinogobius gigas* Aonuma & Chen, 1996

分布：台灣東部

體長：9㎝

解說：棲息於流速相對較快，有小石子及砂礫底的河川中～上游流域淺水處。屬於兩側洄游型魚類，仔魚孵化後會在下游至河口區域及沿岸區域活動，隨著成長會逐漸往上游移動。以水生昆蟲及小型甲殼類、魚類等為食，屬於肉食性。由gigas這個種名可以看出牠是台灣最大的鰕虎魚類。臉頰上有許多紅褐色斑點，雄魚的第一背鰭稍長，胸鰭的鰭條數為21～23。

鰕虎目鰕虎科

臺灣吻鰕虎 *Rhinogobius formosanus* Oshima, 1919

分布：台灣北部

體長：5㎝

解說：棲息於流速相對較快，有小石子及砂礫底的河川中～上游流域。屬於兩側洄游型魚類，仔魚孵化後會在下游至河口區域及沿岸區域活動，隨著成長會逐漸往上游移動。以水生昆蟲及小型甲殼類等為食，屬於肉食性。臉頰上的蟲蝕狀深色線條為其一大特徵，頭部後方背面的被鱗區域朝向頭部呈山型。照片中的個體為雌魚，雄魚的第一背鰭較長，全身帶著些許亮綠色。

鰕虎目鰕虎科

真吻鰕虎 *Rhinogobius similis* Gill, 1859

雄魚の婚姻色

分布：台灣、中國、朝鮮半島、日本

體長：10㎝

解說：廣泛地棲息於河川中～下游、湖泊、池沼等處。以水生昆蟲及小型甲殼類等為食，屬於肉食性。已知有陸封型及兩側洄游型這兩個類型。與棲息於日本的真吻鰕虎相比，體色較鮮艷，會讓人以為是兩個不同物種。臉頰上的蟲蝕狀深色線條為其一大特徵，頭部後方背面的被鱗區域朝向頭部呈山型。2015年時，*R. gurius* 被認定為*R. simili* 的同物異名。

平常時

鰕虎目鰕虎科

恆春吻鰕虎魚 *Rhinogobius henchuenensis* Chen & Shao, 1996

分布：台灣南部的恆春半島

體長：4㎝

解說：棲息於流速相對較快，有小石子及砂礫底的河川中～上游流域。陸封種。以水生昆蟲及小型甲殼類等為食，與日本的吻鰕虎魚類一樣，屬於肉食性。在台灣的吻鰕虎魚類中屬於小型種。第一背鰭的前緣呈淡黃色，全身布滿朱紅色的小點。種名源自於其分布的恆春半島。

鰕虎目鰕虎科

斑帶吻鰕虎 *Rhinogobius maculafasciatus* Chen & Shao, 1996

分布：從蘭陽溪到高屏溪都有

體長：5㎝

解說：棲息於河川中～下游流域。屬於兩側洄游型魚類。以水生昆蟲及小型甲殼類等為食，與日本的吻鰕虎魚類一樣，屬於肉食性。與其他台灣的吻鰕虎魚類相比縱列鱗數較少，為30～32，其他特徵為散布於胸鰭基底的小紅點。種名的由來為雌、雄魚都有的體側紅斑及不明顯的深色橫帶。

鰕虎目鰕虎科

南台吻鰕虎 *Rhinogobius nantaiensis* Aonuma & Chen, 1996

分布：台灣南部

體長：6㎝

解說：棲息於流速相對較快，有小石子及砂礫底的河川中～上游流域。陸封種。以水生昆蟲及小型甲殼類等為食，與日本的吻鰕虎魚類一樣，屬於肉食性。與恆春吻鰕虎魚（*R. henchuenensis*）類似，差別在於其第二背鰭及臀鰭沒有帶狀斑點。種名的由來是源於其棲地——台灣南部。

鰕虎目鰕虎科

短吻紅斑吻鰕虎 *Rhinogobius rubromaculatus* Lee & Chang, 1996

分布：台灣西部

體長：6㎝

解說：棲息於流速相對較快，有小石子及砂礫底的河川中～上游流域，相對於主流，在支流更常見到牠們的身影。陸封種。以水生昆蟲及小型甲殼類等為食，與日本的吻鰕虎魚類一樣，屬於肉食性。雌、雄魚體色都有的紅色斑點為其特徵，同時也是種名的命名由來。英文名稱red spotted goby也是因為其特徵而命名。雄魚的紅色斑點較雌魚的大，看起來就像背鰭及尾鰭有條紅色的帶狀花紋。是非常漂亮的魚種。

攀鱸目絲足鱸科

蓋斑鬥魚 *Macropodus opercularis*（Linnaeus, 1758）

分布：台灣、中國南部。經移殖分布至琉球列島

體長：7㎝

解說：棲息於水田地帶及河川緩流處、池沼等，經常在水草底下活動。主要以水生無脊椎動物為食，屬於雜食性。繁殖期在春天至夏天，會利用氣泡製做浮巢，並且在其中產卵。和近緣物種──眼斑鬥魚（*M. ocellatus*）非常相似，不過可以輕易地從雙叉狀的尾鰭辨別。魚鰓附近有稱為迷器（Labyrinth organ）的特殊器官，讓牠在缺少氧氣的水域中也能透過空氣呼吸生存。關於日本的個體群，有人主張可能是原生種。

自化個體

攀鱸目鱧科

七星鱧 *Channa asiatica*（Linnaeus, 1758）

分布：台灣、中國南部、越南北部。經移殖亦分布至琉球列島、大阪府、沖繩本島、石垣島

體長：25㎝

解說：棲息在流速緩和的河川及池沼中。以魚類、兩棲類、昆蟲類、甲殼類等為食，屬於肉食性。夜行性。繁殖期在4～6月左右，期間會在接近水面的水草中產卵，親魚有護卵的習性。和寬額鱧（*Channa gachua*）一樣屬於鱧科，分類在小型群組。特徵是沒有腹鰭，尾柄有大塊的深色斑點。鱧屬（*Channa*）在亞洲有將近40種，具有在低溶氧環境中也能生存的迷器。

日本與台灣共通的魚類

接下來要介紹的是一些在日本也能看到的台灣魚類。是否能成為共通物種與黑潮的流動路線有很大的關係。黑潮是從赤道北邊往西邊流動的海流，從赤道北邊出發，由菲律賓群島東側北上。接著會從台灣東側繼續北上，穿過琉球群島，從屋久島及種子島南側匯入東向的洋流。流速大約有時速7km，不具游泳能力的魚卵・仔稚魚時期在海中生活的魚類就會隨著海流移動。因此，在沖繩地區及日本南部也能看見分布於台灣的魚類。

原生林中的河流　沖繩縣西表島

照片：沖繩產

刺魚目海龍科

帶紋多環海龍 *Hippichthys spicifer* Rüppell, 1838

分布：印度～太平洋
體長：16㎝

解說：棲息於泥底河川的汽水域及形成於感潮帶的水路，不存在於淡水域中。以小型甲殼類等為食，屬於肉食性。軀幹的腹部側約有13條白色橫帶。雄魚具有育兒囊，從雌魚獲得的卵會在育兒囊中受到保護直到孵化。

照片：沖繩產

刺魚目海龍科

短尾腹囊海龍 *Microphis brachyurus* Bleeker, 1853

分布：太平洋中部～印度洋中部
體長：22㎝

解說：棲息於淡水域及汽水域之間，靠近流速緩和的河口區域。以小型甲殼類及浮游生物等為食，屬於肉食性。雄魚具有育兒囊，從雌魚獲得的卵會在育兒囊中受到保護直到孵化。屬名的*Microphis*為希臘語「小蛇」的意思。

鮋形目真裸皮鮋科

髭真裸皮鮋

Tetraroge barbata

（Cuvier, 1829）

分布：西部太平洋

體長：10㎝

解說：棲息於河川下游的淡水域至汽水域河段及沿岸的淺水處，可以在岩石及小石頭等障礙物的陰影中發現牠們。以小型甲殼類等為食，屬於肉食性。在日本發現於西表島，不過非常稀有。

鱸形目笛鯛科

銀紋笛鯛

Lutjanus argentimaculatus

（Forsskål, 1775）

分布：印度～太平洋

體長：80～150㎝

解說：幼魚入侵河川下游的淡水域至汽水域的範圍。以魚類及甲殼類等為食，屬於肉食性。從紅海經由蘇伊士運河至地中海東部都是其分布範圍。在笛鯛科中屬於極耐淡水的一種。

鱸形目湯鯉科

黑邊湯鯉

Kuhlia marginata

（Cuvier, 1829）

分布：西太平洋

體長：16㎝

解說：棲息於河川的淡水域至汽水域河段。以魚類及甲殼類等為食，屬於肉食性。與大口湯鯉（*K. rupestris*）相似，但是體側只有靠近背部散布著黑斑。

鰕虎目

刺蓋塘鱧

Eleotris acanthopoma

Bleeker, 1853

分布：西部太平洋

體長：14㎝

解說：棲息於河川下游淡水域～河口的泥底處。以水生昆蟲、甲殼類、魚類等為食。本種特徵為鰓蓋的上下側線孔是分離的，眼下沒有鱗片。不過，很難以肉眼辨別。

鰕虎目

褐塘鱧

Eleotris fusca

（Forster, 1801）

分布：印度～太平洋

體長：17㎝

解說：分布於台灣全境，主要棲息於河川的淡水區域。以水生昆蟲、甲殼類、魚類等為食。本種與黑體塘鱧（*E. melanosoma*）非常相似，差別在於其臉頰上有8條橫列側線孔。不過非常難判別。

鰕虎目

黑體塘鱧

Eleotris melanosoma

Bleeker, 1852

分布：印度～太平洋

體長：15㎝

解說：棲息於河川下游及河口區域的泥底。以甲殼類、魚類等為食。本種特徵為鰓蓋上下側線孔有6列，但是肉眼難以辨別。

照片：沖繩產

鰕虎目

擬鯉短塘鱧

Hypseleotris cyprinoides

（Valenciennes, 1836）

分布：印度～太平洋
體長：8㎝

解說：棲息於台灣南部及東部河川的中～上游流域及溼地。喜歡出水植物多的環境。以水生昆蟲等為食。屬於游泳性魚類。體高會隨著成長逐漸增高。在日本被列為瀕危（EN）物種。

照片：沖繩產

鰕虎目

頭孔塘鱧

Ophiocara porocephala

（Valenciennes, 1837）

分布：印度～太平洋
體長：26㎝

解說：分布於台灣南部。主要棲息於流速極緩的河川汽水域。以水生昆蟲、甲殼類、魚類等為食，屬於肉食性。在深褐色的體色上有許多淡青色的斑點。在日本被列為易危（VU）物種。

照片：沖繩產

鰕虎目

無孔塘鱧

Ophieleotris aporos

分布：西太平洋
體長：20㎝

解說：在台灣棲息於南部的河川中游及池塘中。以甲殼類為食，在水中大多呈懸浮狀態。雄魚有黃色及橘色等配色，非常漂亮。在日本被列為瀕危（EN）物種。

鰕虎目鰕虎科

韌鰕虎

Lentipes armatus

Sakai and Nakamura, 1979

分布：台灣東部、奄美大島、石垣島、沖繩島

體長：5㎝

解說：棲息於水質清澈的流動河川上游流域。以附著藻類為食。雖然是日本特有種，但是在《鰕虎圖典》中有分布於台灣的紀錄。

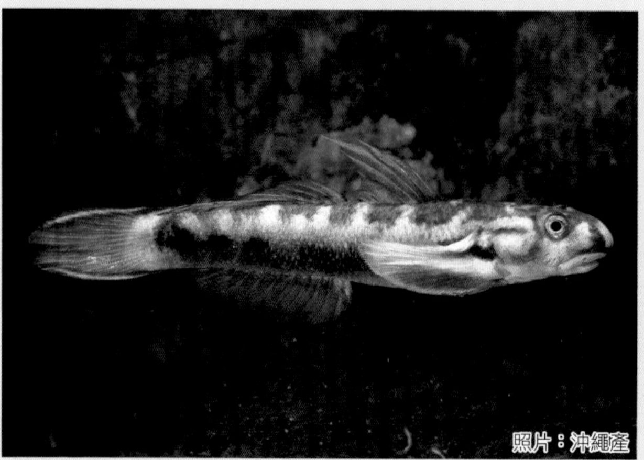

鰕虎目鰕虎科

兔頭瓢鰭鰕虎

Sicyopterus lagocephalus

（Pallas, 1770）

分布：印度～太平洋

體長：4～13㎝

解說：棲息於水質清澈的流動河川上游流域。屬於兩側洄游型魚類。主要以附著藻類為食。在瓢鰭鰕虎中算是大型種類。在日本被列為易危（VU）物種。日本進口的觀賞魚是採自台灣的個體。

鰕虎目鰕虎科

尾鱗銳齒鰕虎

Smilosicyopus leprurus

（Sakai and Nakamura, 1979）

分布：西太平洋

體長：5㎝

解說：棲息於台灣東部水流清澈的河川上游流域。以水生昆蟲等為主。吻端至眼部有深色線條為其特徵。體側前方沒有魚鱗。在日本被列為極危（CR）物種。

照片：沖繩產

鰕虎目鰕虎科

環帶瓢眼鰕虎

Sicyopus zosterophorus

（Bleeker, 1857）

分布：西太平洋

體長：5㎝

解說：棲息於台灣太平洋側，流速緩和、水質清澈的河川上游流域。主要以水生昆蟲等為食。和其他鰕虎魚類一樣容易受到開發及汙染影響，本種在日本被列為極危（CR）物種。

照片：沖繩產　雄魚

照片：沖繩產　雌魚

鰕虎目鰕虎科

黑鰭枝牙鰕虎

Stiphodon percnopterygionus

Watson and Chen, 1998

分布：西太平洋

體長：4㎝

解說：棲息於水質清澈的河川中～上游。以附著藻類為食，屬於草食性。為兩側洄游魚類。會在岩石底側產卵，雄魚有護卵的習性。雄魚的特徵為青色及橘色的婚姻色，及延伸的第一背鰭；雌魚則是在體側有兩條深色的縱帶，給人較樸素的印象。

照片：沖繩產

鰕虎目鰕虎科

種子島硬皮鰕虎

Callogobius tanegasimae

（Snyder, 1908）

分布：西太平洋
體長：6㎝

解說：棲息於台灣東北部河口區域的泥沙底。在春～夏之際會在岩石的縫隙之間產卵。特徵是細長的身體和大胸鰭，及長尾鰭。本屬在印度～太平洋大約有26種。

照片：沖繩產

鰕虎目鰕虎科

尖鰭寡鱗鰕虎

Oligolepis acutipennis

（Valenciennes, 1837）

分布：印度～西太平洋
體長：8㎝

解說：棲息於河川下游及河口的紅樹林帶等軟泥底水域。從眼睛到口角有一條黑色帶狀花紋，大片的背鰭也是牠的特徵。寡鱗鰕虎屬（*Oligolepis*）在印度～西太平洋之間已知有7種。

照片：沖繩產

鰕虎目鰕虎科

雙眼斑砂鰕虎

Psammogobius biocellatus

（Valenciennes, 1837）

分布：印度～西太平洋
體長：6㎝

解說：棲息於台灣南部的汽水域。屬於肉食性。眼睛上部的虹膜下垂，具有皮膜。過去被分類在叉舌鰕虎屬（*Glossogobius*），目前本種所屬的砂鰕虎魚屬（*Psammogobius*）已知有4種。

鰕虎目鰕虎科

小口擬鰕虎

Pseudogobius masago

（Tomiyama, 1936）

分布：西太平洋
體長：2㎝

解說：棲息於台灣西部的河口區域及泥灘處。有說法主張本種於沖繩是每年產卵一次。尾鰭基部的楔形深色斑點為其特徵。因為環境惡化的關係，在沖繩縣的紅皮書名錄中被列為瀕危（EN）物種。

鰕虎目鰕虎科

拜庫雷鰕虎

Redigobius bikolanus

（Maeda, Saeki, and Satoh, 1927）

分布：印度～西太平洋
體長：2㎝

解說：棲息於河川中～下游及河口的泥沙底水域。繁殖期為春～夏之際。會在岩石的縫隙之間產卵，雄魚有護卵的習性。口部的大小，雌雄有別，雄魚口部較大，後端超過眼睛後緣的正下方。

鱸形目金錢魚科

金錢魚

Scatophagus argus

（Linnaeus, 1766）

分布：印度～西太平洋
體長：30㎝

解說：幼魚入侵河口地區。以甲殼類、藻類等為食。以稚魚期頭部骨骼會形成骨質板（tholichthys plates）這點聞名。為市面常見的觀賞魚。

台北樹蛙
Rhacophorus taipeianus
台灣特有種。4～6㎝大的樹棲蛙類。12～2月會產下泡沫包覆的卵塊。

台灣台北市的水邊生物 ～台灣蛙類百景～

●以蛙類為目標的三天兩夜攝影取材之旅

位於台灣北部的台北市，雖然夏天較長，冬天較短，但是四季並不明顯，一整年都是溫暖的氣候。還保留著許多自然度高的環境，除了溫帶魚類之外，還有許多兩棲類存在，特別是蛙類就有34種（2018年8月）。

2018年3月進行的這次三天兩夜攝影取材是由台北市立動物園職員全力協助。園區的廣大程度無法用日本的都市型動物園比擬，職員也有300人之多。裡面有大貓熊、無尾熊、熱帶雨林區、沙漠區…等，走得快一點，邊走邊看起碼也要花10小時以上，由此可以想見它的廣度。除了公開的區域之外，園區內還有其他非公開區域。此次取材的地點主要就是在非公開區域內。

非公開區域中包括「保育研究中心（Conservation & Research Center）」，其中聚集了一群主要從事野生動物相關研究的職員。取材期間一直給予我協助的淡水生物及兩棲類・爬蟲類小組發揮了強大的團隊力量，不僅十分擅長田野調查，捕捉生物的手法也很有一套。

這次的取材主要是希望能觀察到許多「台灣特有的蛙類」以及「包含蛙類在內，與日本共通的生物」，其中的主要目標包括屬於台灣特有種的「台北樹蛙」。本種與日本的森樹蛙（*Rhacophorus arboreus*）相似，在我造訪台灣的3月中旬，牠們的產卵期正要結束，不過牠們不會馬上回到山裡，所以能看見牠們在周圍的葉片上休息的樣子。

●第一天：園內非公開區域的林道

第一天的晚上，我和8位專家一起展開了調查。因為目標是蛙類，所以觀察大多物種的關鍵時間都是在晚上。現在想起來還是覺得很不可思議，調查地點竟然不是在野外，而是在靠近都市的動物園內。光是在這個地點，一年之間就能觀察到15個以上的物種，令人感動。

心中充滿期待地在園內走著，馬上出來迎接我們的是「赤尾青竹絲」。這是種具有出血性毒的毒蛇，與日本蝮蛇類似。體色像是美麗的綠寶石，眼睛呈紅色，而尾巴是咖啡色的。大多棲息於樹上，這次看到時也是用尾巴掛在枝葉上的模樣，我請職員用捕蛇鉤將牠放到地面上。順帶一提，台灣有許多毒蛇，其中著名的包括百步蛇（*Deinagkistrodon acutus*）、雨傘節（*Bungarus multicinctus*）、龜殼花（*Protobothrops mucrosquamatus*）、中華眼鏡蛇（*Naja atra*）等，要特別小心。

而期待已久的青蛙也緊接著出現了。首先看見的是溪樹蛙屬的台灣特有種——「褐樹蛙（*Buergeria robusta*）」。牠和棲息於日本的溪樹蛙是類似的物種，雌蛙體型較雄蛙大。

接著看見的是白頷樹蛙的同類——「斑腿樹蛙（*Polypedates megacephalus*）」，屬於外來種，但遺憾的是數量還不少。台灣原本就存在著十分相似的原生種「布氏樹蛙（*Polypedates braueri*）」，後者的大腿上花紋較粗。此外，*megacephalus*種及*braueri*種的棲息區域稍有不同。

在一條湧出清澈水源的小水路，我們看見了與日本的波江氏赤蛙同樣是叉舌蛙屬的「福建大頭蛙（*Limnonectes fujianensis*）」。這個種類對水域的依賴性高，在蛙類中是少數可以捕食蟹類等堅硬獵物的種類。三角飯糰般的身形在下顎有尖牙狀的突起。在水中會擬態為砂礫或是潛入水底，很難發現。

在樹葉的尾端，有隻「斯文豪氏攀蜥」在休息。攀蜥看似在葉尖上熟睡，但是一察覺從樹枝傳來外敵接近的震動就會醒來，迴避危險。雖然還想觀察牠可愛的睡臉，但還是決定不打擾，默默從旁邊離開。

看向大約在視線高度的樹上，有隻小小的青蛙。是和日本的艾氏樹蛙（*Kurixalus eiffingeri*）同屬的台灣特有種「面天樹蛙（*Kurixalus idiootocus*）」。牠和艾氏樹蛙不同的地方是腹部有花紋。往腳邊看，還有「貢德氏赤蛙（*Hylarana guentheri*）的幼體」及「拉都希氏赤蛙（*Hylarana latouchii*）」呢。長大的貢德氏赤蛙特色是跳躍力及警覺心都會提高。

繼續沿著步道往下走，看到一個沒有路燈的涼亭，柱子和天花板上都貼著許多「鉛山壁虎（*Gekko hokouensis*）」（雖然有人認為牠們和日本的守宮同種，但是從體型和花紋的

赤尾青竹絲*Trimeresurus stejnegeri*

體長60～90㎝的蛇類，是種棲息於樹林水邊的胎生毒蛇。

褐樹蛙*Buergeria robusta*

體型5～9㎝的蛙類，兩眼之間有T字形的斑紋。

斑腿樹蛙
Polypedates megacephalus

體型5～7㎝的蛙類，棲息範圍遍及低地至高地的外來種。3～10月會產下泡沫包覆的卵塊。

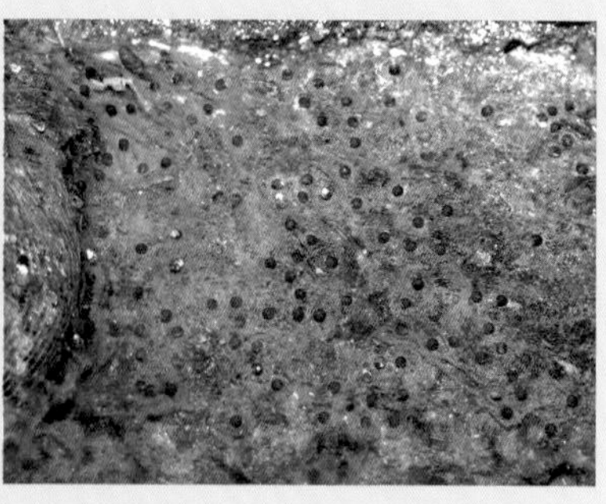

福建大頭蛙
Limnonectes fujianensis **及蛙卵**
體型5～7㎝的蛙類，於春～秋之際產卵。瞳孔呈菱形，頭部較大。會在溼地及河川緩流處產卵。

面天樹蛙
Kurixalus idootocus
體型2～4㎝的蛙類，2～9月會在陰影處產卵。

斯文豪氏攀蜥
Japalura swinhonis
體長20～30㎝的蜥蜴。下顎有白斑，口腔內也是白色的。

貢德氏赤蛙*Hylarana guentheri*
體型6～10㎝的蛙類，在平地的開闊水域中可以看見牠的身影。產卵期為4～8月。

拉都希氏赤蛙*Hylarana latouchii*
體型3～6㎝的蛙類，棲息於緩流的地點及池沼中。

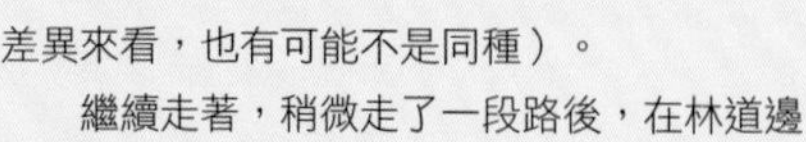

差異來看，也有可能不是同種）。

繼續走著，稍微走了一段路後，在林道邊的姑婆芋上看見四腳及身體緊貼葉片著不動的青蛙！牠就是這次主要目標「台北樹蛙」。如

鉛山壁虎
Gekko hokouensis
體型9～13㎝的守宮。在台灣稱作壁虎。被當作日本守宮類的同種，不過體型和花紋都不太一樣。

台北樹蛙*Rhacophorus taipeianus*
如同開頭介紹的，是台灣特有的小型樹棲蛙類。是台灣極重要的保育類物種，保育等級III。棲息於1,500m以上的山地及丘陵地。

翡翠樹蛙*Rhacophorus prasinatus*
台灣特有種。體型4～7㎝的蛙類，也是台灣保育等級III的重點保育類物種。棲息於1,000m以上的山地及丘陵地。會產下泡沫包覆的卵塊。

同開頭提到的，牠是台灣特有種，腹部帶點黃色，黑色眼珠周圍也是黃色的。身體呈美麗的綠色也是一大特徵。產卵期為12～2月，會在樹上或地面挖掘洞穴並產下泡沫包覆的卵塊。從台北動物園中能發現牠們的蹤影這點就能看出，牠們是身邊的特有種代表，同時也是具有象徵意義的蛙類，復育工作積極地進行中。

有點意外，這麼順利地就達成主要目標，所以又換了觀察地點，準備尋找與台北樹蛙非常相似的台灣特有種「翡翠樹蛙」。到了一個比剛剛更開闊的環境，不過是在森林周邊的一個小池畔。

才剛開始探索，就在一個小水池旁的葉片上發現了翡翠樹蛙。和剛才的台北樹蛙相比，牠的眼睛前後有條隆起的金色線條，非常容易分辨。

其實到前一天為止，氣溫都是偏低的，所以狀態不是非常理想，不過第一天的調查就能觀察到8種蛙類及3種爬蟲類，可說是成果豐碩。

●第二天：園外的山區

隔天，3位職員帶著我來到園外的山區，是位於動物園北部的著名溫泉地「烏來」，不過我們此行的目的是青蛙。我們對觀光地視若無睹，搭上車就往夜裡森林中駛去。從彎彎曲曲的山路一路上行，終於到了山頂的水邊，因為在高山上，覺得非常地冷。才開始觀察，就發現路上有許多台灣特有種「盤古蟾蜍（*Bufo bankorensis*）」。雖然這次觀察到的數量很多，不過牠們仍然是棲息於高海拔的稀有物種（在低海拔地區有別屬的「黑眶蟾蜍（*Duttaphrynus melanostictus*）」，因為棲地不同被歸類為不同物種）。圓滾滾的身軀在移動

盤古蟾蜍*Bufo bankoroensis*

台灣特有種，體型6～16㎝的蛙類。在平地的產卵期為9～2月。也有分布在海拔3,000m的山地。有各式各樣的體色，耳後腺會分泌毒液。

斯文豪氏赤蛙*Odorrana swinhoana*及其棲息地

體型5～9㎝的蛙類，常見於溪流及道路邊具有青苔的環境。青苔般的擬態讓人難以一眼就看見（照片左上）。棲息於石垣島及西表島的宇都宮臭蛙（*O. utsunomiyaorum*）為其近緣物種。

時充滿喜感又可愛，令人忍不住按了好幾次快門。能看到各種不同樣貌及體色變化也是一大收穫。

往水中一看，發現了第一天也有看見的「福建大頭蛙（*Limnonectes fujianensis*）」。牠們大多棲於於高海拔地區。此外，把臉湊近水邊及道路兩側邊坡上的水蝕凹洞觀察，可以發現依賴水源生存的台灣特有種「斯文豪氏赤蛙（*Odorrana swinhoana*）」（斯文豪為英國博物學者，曾在台灣擔任領事職務）。邊坡上，還可以看見在日本只棲息於長崎縣對馬地區的「紅斑蛇」。

猛蛛亞目的蜘蛛

著迷於斯文豪氏赤蛙所以往凹洞中一看，結果跑出了許多狼蛛。

紅斑蛇 ***Dinodon rufozonatum***

體長 50~120㎝，與棲息於日本（對馬）的物種為同種，屬於無毒蛇類。是相對常見的種類。

黃口攀蜥
Japalura polygonata xanthostoma

體型18～23㎝，口中為黃色，因此稱作黃口攀蜥。與棲息於日本的琉球龍蜥（*Diploderma polygonatum*）為亞種關係。

莫氏樹蛙
Rhacophorus moltrechti

台灣特有種。體型4～5㎝的蛙類。與棲息於石垣島及西表島的八重山樹蛙（*R. owstoni*）為近緣物種關係。腹部側邊的花紋為其特徵。

到達山頂時，我們看見了口中是黃色的「黃口攀蜥，台灣特有亞種」正在休息的模樣，以及「莫氏樹蛙，台灣特有種」。台灣還有其他2種特有的赤蛙，不過牠們的分布範圍都侷限在南部。

●最後一天：園外平地的水池及水田

最後一天，我們在平地的池塘周圍散步時，池塘周圍的蔭影中突然跳出了「長腳赤蛙」。牠們是非常善泳的蛙類，在25m泳池般的池塘中也能輕鬆地游完。在充滿水的水田中，白天也能看見許多「澤蛙」（無法進行夜間調查真是可惜）。

結束所有行程後，我們回到動物園，發現職員為我們保留了沒有棲息在日本的蛙類──「史丹吉氏小雨蛙（Micryletta steinegeri）」及「台北赤蛙，台灣特有種」。台北赤蛙的棲息地就在台北市區的不遠處，雖然這次沒有機會造訪，但是動物園內有在進行棲息地以外的復育工作，飼養了許多成蛙。

●34種中拍到了15種

確認了一下三天內拍了幾種蛙類，發現在棲息於台灣的34種蛙類中，我們就拍到了15種之多，是很不錯的成績。我們只看了台灣一部分的水邊，竟然就能有這樣的成果。除了與日本的關係親近之外，這三天內讓我深刻感覺到台灣本身的魅力可說是深不可測。

（文：關 慎太郎）

長腳赤蛙*Rana longicrus*

體型4～6㎝的蛙類，產卵期為11～2月。後肢非常地長，擅長使用長腿游泳。

澤蛙*Fejervarya limnocharis*

體型3～6㎝的蛙類，從平地到山區都可以看見牠們的身影。推測和棲息於日本的種類屬於同種。3～10月之間會在水田等處產卵。

台北赤蛙*Hylarana taipehensis*

台灣特有種。體型2～4㎝的蛙類。在台灣為保育等級II的重要保育類物種，僅棲息於某些特定的地點。台北市立動物園內也正在進行復育。

可以看見長腳赤蛙及澤蛙的環境

大池塘周邊的水窪及其周圍躲了許多青蛙。

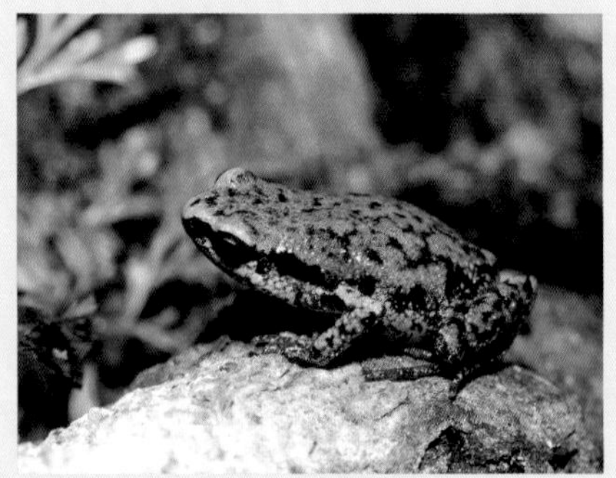

史丹吉氏小雨蛙*Micryletta steinegeri*

體型2～2.5㎝的蛙類。具有小巧的嘴巴，夏天會浮上水面產卵。

【謝辭】

與繁殖期錯開的日程加上沒有豐沛的雨量（促進青蛙的活動），這樣的條件對於青蛙觀察而言其實是不利的，但是多虧了台北動物園提供給海外研究者的協助十分完善，最後才能觀察到這麼多的物種。在此對園方，以及張東君博士、陳賜隆博士、蔡明珊、蔡岱樺、林思辰、梁彧禎、陳立瑜、李柏勳等職員們至上由衷的感謝。

台北市立動物園（TAIPEI ZOO）

位於台灣・台北市文山區木柵，1914年開園，是台灣最早成立的動物園。占地165公頃，幅員遼闊，規模大到無法在一天之內看完所有的動物。從台北市區只要搭20～30分鐘的捷運就能抵達，交通十分便利。入園門票也很便宜，無論是散步或是看看喜歡的動物都很合適，固定回訪的常客非常多。除了大貓熊、企鵝、無尾熊等人氣動物之外，筆者也很推薦以下區域：

SPOT1：台灣動物區…可以看見10種左右的台灣特有動物。
SPOT2：昆蟲動物區…保有台灣特有的蝶類及珍貴的昆蟲。
SPOT3：兩棲爬蟲館…除了台灣特有種之外，還能看見其他世界上的兩棲類及爬蟲類。

除了上述區域之外，這裡囊括了約400種以上不同氣候及棲息環境的生物。園內綠意盎然，建議在裡面悠閒地度過。其中也設置了非公開的野生動物檢疫救傷中心，是自然保育的一大助力。

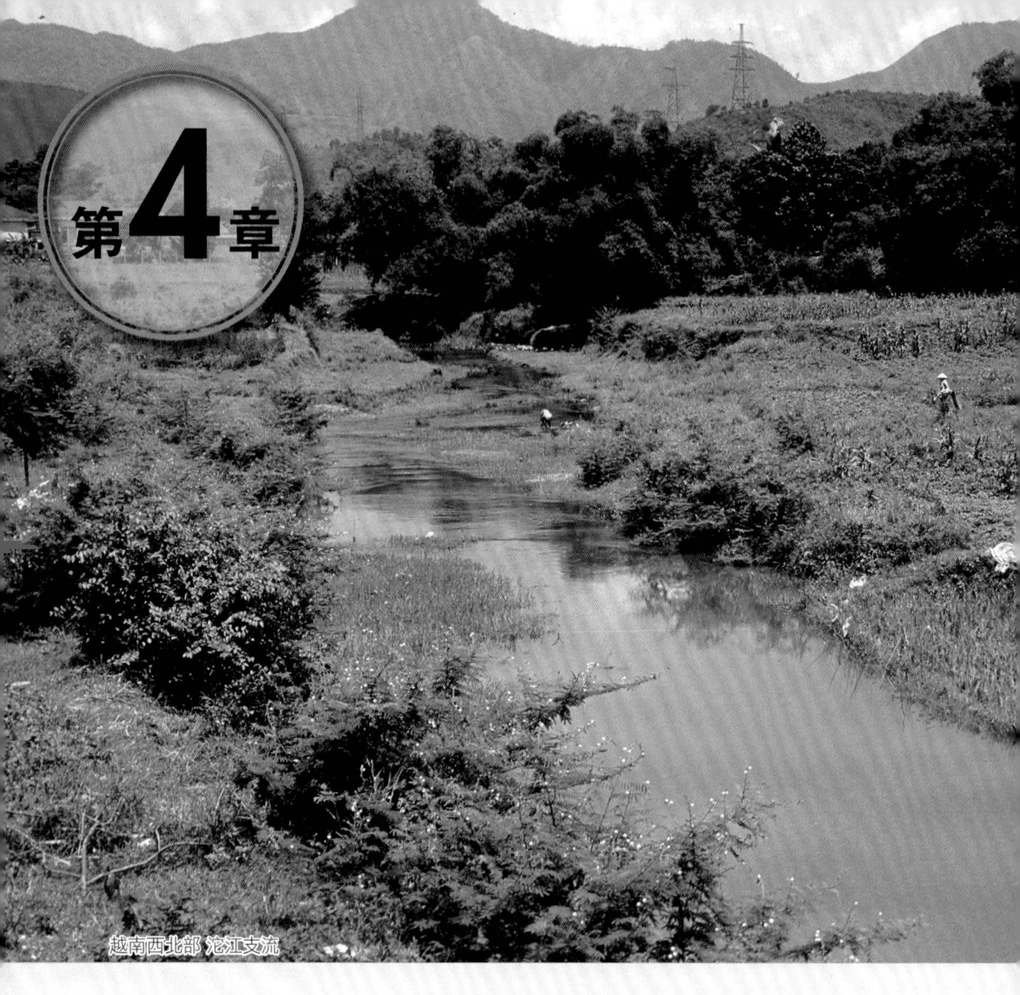

越南西北部 沱江支流

南亞・東南亞北部

本章介紹的是棲息於南亞・東南亞北部的溫帶區域及與之相鄰的地區。

雖說是「南亞・東南亞北部」，但是東起越南，西至巴基斯坦，這個範圍內其實有著非常大的地理差異。從大範圍來看地區及魚類，首先是位於東南亞北部的魚類特徵都和發源於青藏高原的悠長大河——湄公河有著密切關係，其流域囊括了中國、緬甸、寮國、泰國、柬埔寨、越南，全長4,350km。流域範圍內包含了溪流到緩流，高緯度至低緯度等各種環境。而且，這個地區是越南北部的紅河、泰國西部的昭拍耶河等多條大河的匯流處，說是淡水魚的寶庫也不為過。

接著是印度北部及不丹、尼泊爾地區，約5,000萬年前，原本在南方的印度板塊向北位移，與歐亞大陸碰撞形成了喜馬拉雅山脈，也產生了許多高海拔地區，因此鯉科的鯝亞科、裸吻魚科、腹部具有附著器官的鯰形目紋胸鮡等許多魚類都能適應冷水的溪流。

接著是連接以上兩個區域的緬甸，是東西

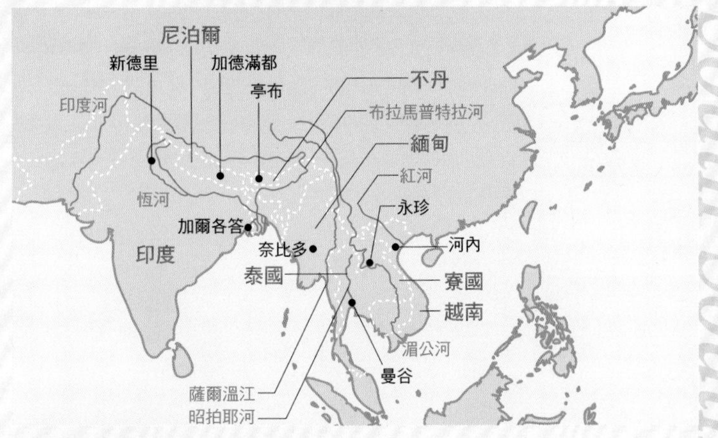

越南北部 淇窮江支流

向的高地，兩側地區分別具有不同的魚類相。著名的河川為流經泰國及緬甸國境的薩爾溫江，長達2,400㎞。兩國經歷了長期的軍事政權統治，該地區的魚類就蒙上了一層面紗一樣，充滿謎團。不過，近來由於許多各國淡水魚研究者造訪，也有了許多新種紀錄，目前已知有60種特有種。

由漁業的角度來看由各種地區合併而成的南亞・東南亞北部，印度重要的水產養殖魚類包括鯉科的*Cirrhinus cirrhosus*及鯪魚（*Labeo rohita*）就是由東南亞引進的。此外，也有從中國移殖的鰱魚（*Hypophthalmichthys molitrix*），以及南美的脂鯉目魚類——大蓋巨脂鯉（*Colossoma macropomum*）和鯰形目的琵琶鼠魚。再加上觀賞魚的流通也很盛行，造成了國內外的外來種增加的嚴重問題。

使用四手網的漁民

四手網的漁獲
（半紋小鲃、泥鰍、鰕虎類等）

越南北部的漁業・魚市場

越南北部的以淡水魚為漁獲對象的漁業盛行，可以看見漁民使用各種道具捕魚（照片全攝於2006年）。

河內周邊水流和緩，水質混濁的深水區域較多，因此，可以看到使用大型撈網捕魚的畫面，網中有赤眼鱒（*Squaliobarbus curriculus*）及台灣細鯿（*Metzia formosae*）等魚類。赤眼鱒因為超過20cm，處理方式會比較仔細，而像台灣細鯿這種小魚就不會再篩選，而是直接放在篩網中販售。

在河內的北邊，與中國國境相鄰的諒山近郊可以看見以電魚方式捕捉鮹屬（*Hemibarubus sp.*）魚類及餐條（*Hemiculter leucisculus*）的漁民，流入城裡的淇窮江則是可以看見以手投網賣力捕捉鰷魚等小魚的漁民。諒山的早市攤位上可以看見許多以這些方式捕撈的漁獲。

越南北部還有其他如捕蝦、撈貝等漁業活動，可以想見淡水食材與人們的生活息息相關。

不過，這些魚類在冷凍技術不如日本發達的越南鄉鎮裡，因為難以維持鮮度，所以只能自產自銷，除了河內市區的市場之外，大多都還是養殖魚類。具體來說，像是鰱魚（*Hypophthalmichthys molitrix*）、翹嘴鮊（*Culter alburnus*）、大蓋巨脂鯉（*Colos-*

流經越南北部泥岩地層的淇窮江支流（11月半）：這個位於紅河三角洲邊緣位置的地區，靠近中國國境，山區廣泛，與因為富含河內近郊鐵分而帶點紅色的紅河河水不同。淇窮江是中國珠江的水系之一。拍攝當時正值雨後，所以河水混濁。

使用電魚器具捕魚的年輕人（11月半）：這種道具在日本須獲得許可才能使用，比起漁網或是釣具效率更高。他正在捕撈鯛類及鰲條。

soma macropomum）等可食部為較多的大型魚類及烏鱧（*Channa argus*）這種可以活體狀態販售的魚種都是重要的漁獲。

（文：佐土哲也）

撈貝（5月中旬）：乘著漁筏採集雙殼貝類，捕撈方式就像在日本撈蜆（摸蛤仔）一樣。

以上圖的捕撈方式採集到的雙殼貝類。

捕蝦（5月中旬）：於黛麗湖以兩人一組在藻場趕蝦、捕蝦。

將黛麗湖捕獲的漁獲帶去販售的漁民。

在臉盆中有鯽魚、鬚鯽等各種魚類。

在河內郊外的小市場，販售著許多魚類。活體烏鱧（*Channa argus*）是非常重要的漁獲。

越南北部 Vietnam

鯉形目鯉科鯉亞科

鯽魚 *Carassius auratus*（Linnaeus, 1758）

分布：歐亞大陸東部

體長：20㎝

解說：在越南的路邊攤常見的鯽魚是河內周邊的水池及緩流河川中常見的一般魚類。5～7㎝左右的幼魚如同金魚一般，瞳孔後側的虹膜是紅色的，體色如其學名auratus（金色的）所述，是金色的，和日本的鯽魚類明顯不同。說到鯽屬（*Carassius*），本種與銀鯽（*C. gibelio*）在分類學上的關係相當複雜，就像紀錄越南淡水魚的Kottelat（2001）提到的，越南的個體群對鯽屬全體而言是非常重要的。因為鯽屬相關學名十分複雜，所以這邊就依照 Kottelat（2001）的分類。鯽魚在當地是非常重要的食用魚類。

鯉形目鯉科鯉亞科

鬚鯽 *Carassioides acuminatus*（Richardson, 1846）

分布：中國南部、越南北部

體長：15㎝

解說：喜歡水草茂密的泥底緩流河川。雜食性。乍看很像施氏（*Barbonymus schwanenfeldii*）及小鲃（*Puntius*）類，事實上卻是鯉魚及鯽魚的近親，簡單來說，就是有魚鬚的鯽魚。口角有一對觸鬚，尾鰭是大大的雙叉形，帶紅色的不對鰭後緣有黑邊。照片中的個體是漁民在黛麗湖捕到的漁獲。有這種介於鯉魚和鯽魚之間的魚類存在真的非常有趣。

鯉形目鯉科光唇魚屬

虹彩光唇魚 *Acrossocheilus iridescens*（Nichols & Pope, 1927）

分布：中國西南部、寮國北部、越南北部

體長：15㎝

解說：在越南北部相對較大的河川中游採集到的光唇魚類。雜食性。口部位置靠近腹側，主要於河底活動。這種魚最大的特徵為體側5～6條的橫帶從幼魚至成魚的變化如同上方照片所示，幼魚是纖細的線條狀，成魚則是會變成稍淡的大塊橫帶。大約2016年開始，不定期會有中國的個體以「青銅光唇魚」及「中國皇冠鲃」等商品名進口至日本當作觀賞魚。

位於越南北部淇窮江支流捕捉到虹彩光唇魚的河川

鯉形目鯉科棘鲃屬

半紋小鲃 *Puntius semifasciolatus*（Günther, 1868）

分布：包含海南島的中國南部、台灣西部、越南北部

體長：4㎝

解說：棲息於水草茂密的緩流泥沙底河川中。以赤蟲、正顫蚓、藻類等為食，屬於雜食性。春天時會像許多小鲃屬魚類一樣在水草中產卵，親魚沒有護卵的習性。特徵是體側中央附近有4～7條短橫紋，周圍還有黑點散布。在越南，與水田相接的緩流水路中可以看見許多半紋小鲃的蹤影，這些個體就是在越南的黛麗湖附近的水田灌溉溝渠中採集到的。

鯉形目鯉科野鯪亞科

鯪魚 *Cirrhinus molitorella*（Valenciennes, 1844）

分布：自然分布地區為中國東南部～印尼半島。目前在台灣、馬來西亞等地也有移殖。

體長：15～50㎝

解說：棲息於河川中～下游流域。主要以藻類為食，屬於雜食性。特徵為銀色的身體，鰓蓋後方有一個不明顯的長橢圓形黑斑，以及大大的雙叉尾鰭。這種魚類是日本人不太熟悉的鯪魚的同類，這個群組包含了黑野鯪（*Labeo chrysophekadion*）、溫泉醫生魚（*Garra rufa*）等魚類，是底棲群組之一。其分布地主要以熱帶域為中心，在中國南部及越南北部等地也可以看見牠的蹤影。該個體是在越南北部梅州縣的市場上販售的漁獲。

鯉形目鯉科野鯪亞科

暗花紋唇魚 *Osteochilus salsburyi* Nichols & Pope, 1927

分布：越南北部、寮國北部、珠江及海南島等中國南部

體長：18㎝

解說：棲息於相對小型的河川中，可以在越南的山間緩流河川中看見牠的蹤影。雜食性。特徵是體側中央有非常不明顯的深色橫帶，背鰭分枝軟條數為10～11，吻端沒有乳頭狀突起。本種所屬的紋唇魚屬（*Osteochilus*）在東南亞分布廣泛，這種魚類就棲息在分布區域的最北端。紋唇魚屬是以土狗鯽的名稱作為觀賞魚販售，唇周堅硬。照片中的個體是在河內往諒山途中的河川採集到的。

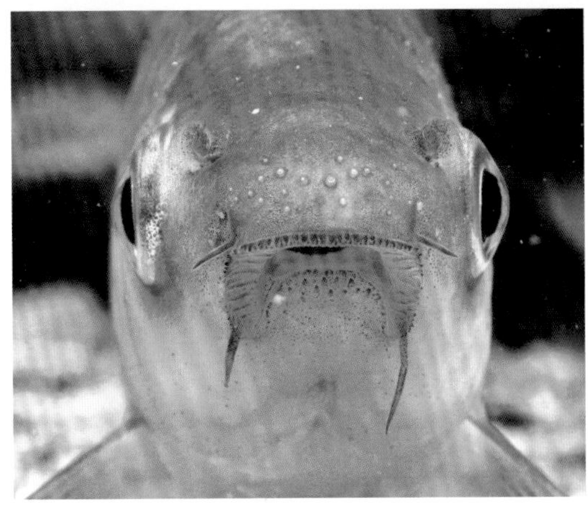

鯉形目鯉科鱊亞科

刺鰭鰟鮍 *Rhodeus spinalis* Oshima, 1926

分布：包含海南島的中國南部～越南北部
體長：7㎝

解說：棲息於緩流河川中，在越南北部的這種環境中也能看見。乍看外觀與日本的鰟類十分相似，不過背鰭的分枝軟條數為10～13，臀鰭的分枝軟條數為13～17，最長的背鰭不分枝軟條與其他種相比稍硬。這也是其名稱由來。

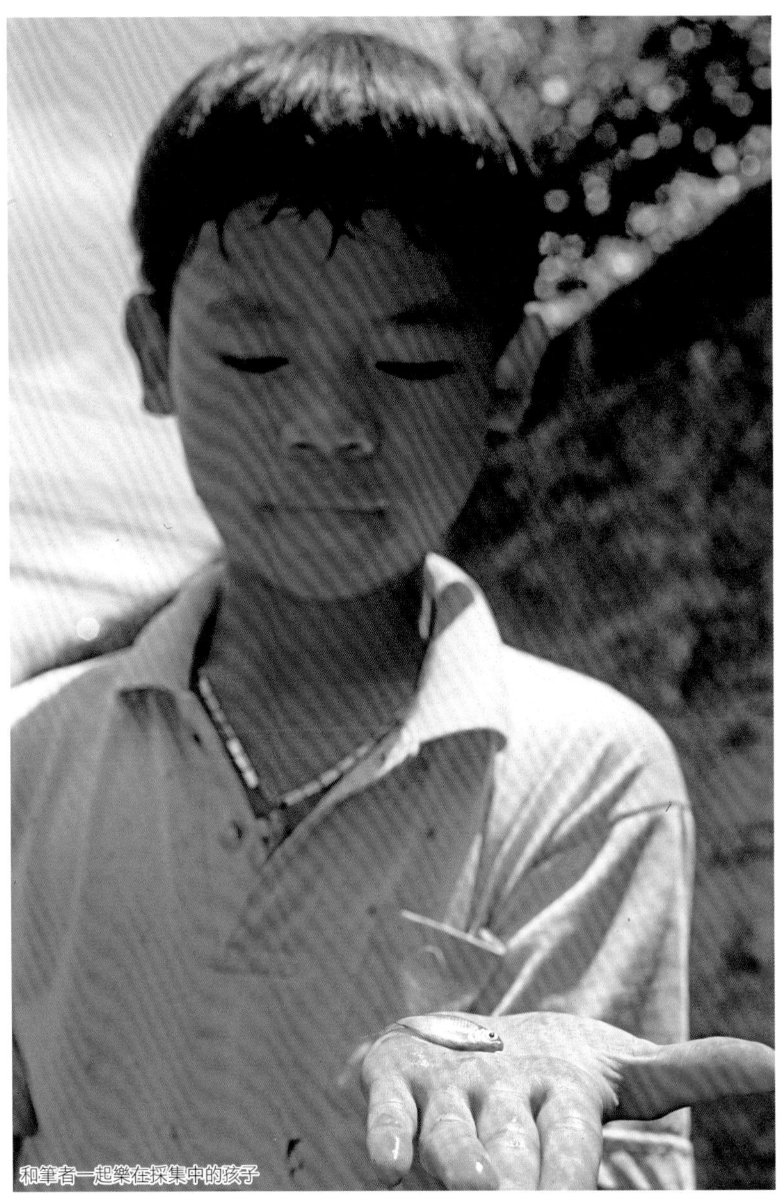
和筆者一起樂在採集中的孩子

是越南北部鰟鮍類中相對普通的種類，在越南西南部的沱江支流，5月的尾聲為其繁殖期，期間採集到了出現婚姻色的雄魚，及產卵管伸長的雌魚。雌魚之中，有些只要壓迫其腹部就會排卵。照片中的就是當時的個體。

鯉形目鯉科鮈亞科

海南鰁 *Sarcocheilichthys hainanensis* Nichols & Pope, 1927

分布：越南北部、寮國東北部、包括海南島的中國南部

體長：14㎝

解說：棲息於緩流河川的中游流域。主要以底棲生物為食，屬於肉食性。以前被當作黑鰭鰁（*S. nigripinnis*）的亞種，現在被歸類為一個物種。分布在海南島及紅河的個體特徵為吻部較短，體高較高，尾柄較長，咽頭齒列為1列。照片中的是11月在流經越南及中國國界附近的諒山市的淇窮江中採集到的個體，採集後不久就看到頭部出現紅色的婚姻色。在日本的鰁類大約是在夏季產卵，看來越南的個體產卵期似乎較長。

漁民以投網的方式採集

鯉形目鯉科鮈亞科

鮹屬未鑑定種 *Hemibarbus* sp.

分布：越南北部

體長：15㎝（照片中的個體）

解說：在越南，包括唇鮹（*H. labeo*）在內已知鮹屬有6種，本種為未鑑定種。至少從最長背鰭的不分枝軟條幅度較寬、鰓耙數為13等特徵知道牠不是唇鮹，不過外觀上真的十分相似。此個體是漁民在靠近中國國界的諒山市不遠處的河川中採集到的。

鯉形目鯉科鮊亞科

鰵條 *Hemiculter leucisculus*（Basilewsky, 1855）

分布：朝鮮半島、包含黑龍江的中國、台灣、越南北部。亦有移殖至日本

體長：17～23㎝

解說：棲息於流動的中～大型河川中。以藻類、甲殼類、小魚等為食，屬於雜食性。細長的銀色身體類似沙丁魚，因此日文名稱也類似沙丁魚，但是牠其實和鯉科的日本石川魚（*Ischikauia steenackeri*）較接近。這種魚類很擅長游泳，常見於寬幅的河川中，越南北部的當地人會用電魚的方式捕撈。本種的分布區域非常廣泛，因此可分為幾個不同的群組，其中可能混雜了複數物種。上面的鮹屬（*Hemibarbus*）魚類也是在相同地點採集的。

鯉形目鯉科鯿亞科

鰱魚 *Hypophthalmichthys molitrix*（Valenciennes, 1844）

分布：自然分布地區為黑龍江～西江為止的東亞東部

體長：50㎝～1m

解說：這種魚類在日本的利根川水域也能看見，梅雨季節可以看到大量鰱魚跳躍的樣子。在日本以外的各國也有移殖分布，在美國形成嚴重的外來物種問題。這種魚類產卵時，蛋黃周圍的空間會製造出強大的浮力，形成漂流卵。因為魚卵會在漂流過程中孵化，如果不是在大河中，卵就會漂流到海中而死亡。越南境內有條名為紅河的大河，因此推測鰱魚可以自然繁殖。雖然在越南的河川中沒有看過，不過是市場上經常販售的魚類。

鯉形目鯉科鯿亞科

赤眼鱒 *Squaliobarbus curriculus*（Richardson, 1846）

分布：自然分布範圍為黑龍江流域～中國、朝鮮半島、東南亞北部。經移殖分布於台灣及馬來半島等處

體長：50㎝

解說：棲息於相對緩流的中～大型河川及湖泊中。屬於雜食性，很會吃水草。產卵期為春到秋季左右。身上排列著規則的黑點，和金魚一樣瞳孔靠近背側部分帶點紅色，這也是牠的名稱由來。這次採集到的個體，魚鱗很容易剝除，和同樣是鯿亞科的鰱魚（*Hypophthalmichthys molitrix*）不同。體型變大就會作為食用魚利用，在越南河內及其近郊都可以看見有人在販售。

鯉形目鯉科鯝亞科

鱤魚 *Elopichthys bambusa*（Richardson, 1845）

分布：俄羅斯東南部～越南北部為止的東亞東部

體長：60㎝～2m

解說：棲息於緩流的大河川及湖泊中。吃魚傾向強烈，是大胃王。擅長游泳，看外觀可能無法想像牠和鰱魚（*Hypophthalmichthys molitrix*）及鱅魚（*H. nobilis*）是相近的魚類，也和牠們一樣會產下漂流卵，所以只能在廣大的水域中生存。英文又稱黃頰魚，因為成魚從下頜到臉頰的部分會變成黃色。其他包括下頜、胸鰭、腹鰭、臀鰭一樣也會變成黃色。日本最近也有將本種以「鱤魚」這個名稱進口作為觀賞魚販售。在越南則是被當作食用魚，在越南西南部梅州縣的市場上可以看到販售鱤魚的攤販。照片也是當時拍的。

鯉形目鯉科鮊亞科

線紋梅氏鯿 *Metzia lineata*（Oshima, 1920）

分布：中國南部、台灣、越南北部。經移殖亦分布至寮國

體長：8㎝

解說：棲息於緩流的中～小型河川中。主要以水生昆蟲等為食，屬於雜食性。龍骨脊從腹鰭延伸至肛門，體側有大約5條不明顯的縱條。本種近年來都是由中國及寮國引進。越南北部河內近郊的緩流中型河川中進行採集時，也採集到了同屬的*M. formosae*。目前在東亞已知有6種。

鯉形目鯉科鮊亞科

翹嘴鮊 *Culter alburnus* Basilewsky, 1855

分布：自然分布於俄羅斯東部、蒙古、中國、台灣。經移殖亦分布於越南北部

體長：80㎝

解說：棲息於中～大型河川及湖泊中，擅長游泳，可以在沒有屏蔽物的寬廣水域中活動。主要以魚類及甲殼類為食，屬於肉食性。產卵期在中國南部為6～7月左右。以前是鮊亞科的代表性魚類，銀色的側扁形身體也是其學名*Culter*的由來（拉丁文：小刀的意思）。腹部具有龍骨脊。因為體型會變大，在中國及台灣被當作食用魚類流通於市面，在越南的市場上也很常見。味道也很好，接受度高。當初移殖至越南的原因不明，推測也是作為食用魚而引進的。

鯉形目鯉科鯝亞科

奠邊馬口鱲 *Opsariichthys dienbienensis* Nguyen & Nguyen, 2000

分布：越南北部

體長：18㎝

解說：越南北部的特有種，棲息於流動的河川中。以魚類等為食，屬於肉食性。游泳性佳，可以在河中快速地游動。是與日本真馬口鱲（*O. uncirostris*）關係十分接近的大陸馬口鱲，外型與日本的馬口鱲十分相似，但是因為棲息於小河川中，成熟時不會像馬口鱲一樣變成大型魚類。5月在河內近郊的黛麗湖，由漁民捕獲的個體體長為12㎝，就已經是成魚，也有出現婚姻色。馬口鱲屬（*Opsariichthys*）在東亞已知有12種，其中有6種分布於越南。

鯉形目鯉科唐魚屬

賢良江唐魚 *Tanichthys micagemmae* Freyhof & Herder, 2001

分布：位於越南中部廣平省的邊海河

體長：2㎝

解說：和稱作「唐魚」、「燈魚」的魚類同屬，棲息於緩流的小型河川中。和唐魚（*T. albonubes*）一樣，會產下具弱黏性的卵，親魚沒有護卵習性。目前，該屬中包含本種及唐魚，還有越南唐魚（*T. thacbaensis*）。本種體側有明顯的黑色粗縱帶可以辨別。是非常容易飼養的魚種，有時會進口作為觀賞魚。照片中的個體就是由越南進口的。

鯉形目鰍科

越南產鰍屬未鑑定種 *Cobitis* sp.

分布：越南北部

體長：10㎝（照片中個體）

解說：在靠近中國國界的諒山市近郊，相對緩流的沙地小河川中採集到的泥鰍類。特徵是網目狀的花紋，尾鰭基部背側有一大塊黑斑。越南的鰍屬（Cobitis）還有許多不知名的種類，目前分類進展狀況並不如日本。水族箱中的模樣和日本的鰍類是相同的。

鯉形目鰍科

越南斑點線條鰍 *Cobitis* sp.

分布：越南北部

體長：6㎝（照片中個體）

解說：由越南北部進口的沙鰍同類。和本頁上方的鰍屬（*Cobitis*）魚類相比，尾鰭基部背側的黑色斑點較小，花紋和日本的鰍類十分相似。越南已知有9種鰍屬魚類，本種為不明種。水族箱中的模樣和日本的鰍類是相同的。

鯉形目爬鰍科

擬腹吸鰍屬未鑑定種 *Pseudogstromyzon* sp.

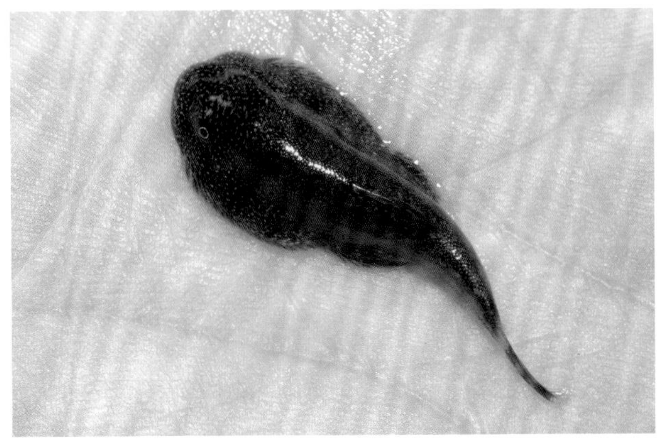

分布：越南北部

體長：2cm（照片中個體）

解說：於諒山近郊流速較快的小河的石頭中採集到的爬鰍科同類。爬鰍科已知約有36屬250種左右，在越南整體就有大約13屬60種。（2012年腹吸鰍科已從爬鰍科獨立出來）根據紀錄，越南西側與寮國相鄰的國境沿線山區中，附近的河川也經常看見本種的蹤影。河內郊外也有許多適合爬鰍科魚類棲息的小河。

鯉形目鰍科

南鰍屬未鑑定種 *Schistura* sp.

分布：越南北部

體長：6cm（照片中個體）

解說：於諒山近郊流速較快的小河中採集到的，與條鬚鰍（*Barbatula barbatula*）及斑北鰍（*Lefua echigonia*）為相近的同類。是在越南幾條河川中採集的南鰍屬（*Schistura*）魚類時，複數種之中的其中一種。因為這個群組具有高度多樣性，分類學整理進度緩慢，因此非常難以辨別。在水族箱內不太會躲藏，喜食動物性餌料。

鯉形目鰍科

十字小條鰍 *Micronemacheilus cruciatus*（Randahl, 1944）

分布：越南中部

體長：2㎝

解說：棲息於緩流的小型河川中。以水生昆蟲及甲殼類等為食，屬於肉食性。和稱作泳鰍的小型泥鰍是同類，離開水底時有群游的習性。特徵是身上具有許多橫紋，尾鰭根部有一個黑色斑點。此個體是由越南進口，以「迷你多紋泥鰍」等商品名於市面上販售。本種是在越南中部的順化南方採集並記錄的。

鯉形目鰍科

美麗中條鰍 *Traccatichthys pulcher*（Nichols & Pope, 1927）

分布：包含海南島的中國南部、越南北部

體長：11㎝

解說：棲息於緩流的小型河川中。主要以水生昆蟲及甲殼類等為食，屬於肉食性。體側有一條深色縱帶，具有綠寶石般的光澤，背鰭及臀鰭帶點紅色，是非常漂亮的條鰍魚類。Nichols & Pope（1927）最初於《The Fishes of Hainan（海南島魚類）》的紀錄中的圖樣就有精確地描繪出牠的美。以「中國黑線竹鰍」、「紅鰭鰍」等商品名進口至日本，作為觀賞魚於市面上流通。該個體是在諒山近郊的小河中採集到的。當地的個體數量也很多，在越南北部是普通的物種。

鯰形目鯰科

越南隱鰭鯰 *Pterocryptis cochinchinensis*（Valenciennes, 1840）

分布：中國南部、寮國、越南、泰國

體長：40㎝

解說：棲息山間，流速快，岩石及石塊多的河川中。以小魚及甲殼類為食，屬於肉食性。在越南有4種隱鰭鯰，這是最普通的1種。與其他3種的總排泄孔形狀不同，具有大塊的突起。除此之外，頭長為標準體長的11.6～15.4%左右，尾柄高為標準體長的6.2～7.6%。此個體為越南進口的觀賞魚。

鯰形目鯰科

鯰魚 *Silurus asotus* Linnaeus, 1758

分布：黑龍江流域～越南北部、日本、朝鮮半島、台灣、海南島

體長：50～80㎝

解說：棲息於緩流的泥底河川及池沼中。以魚類及甲殼類等為食，屬於肉食性。夜行性。照片中的個體為河內市區的市場上常見的漁獲，與石鯰（*S. lithophilus*）相似，身上有明顯的斑點狀花紋，和日本的鯰魚非常不同。為越南重要的食用魚。

鯰形目鱨科

縱紋瘋鱨 *Tachysurus virgatus*（Oshima, 1926）

分布：越南北部、包含海南島的中國南部

體長：10㎝

解說：體側的黑色縱帶及背鰭、脂鰭、腹鰭、臀鰭根部的不規則形黑斑為其特徵。在鱨科中屬於小型種，體長7㎝就是成熟的個體，具有綠色的卵。夜行性。以小魚、水生昆蟲及甲殼類等為食，屬於肉食性。飼育上相對容易，以赤蟲及人工飼料等餵食，食慾也很好，成長速度也快，是溫和的魚類。該個體是由越南進口的觀賞魚。

幼魚

鯰形目鱨科

鱨科未知屬種 *Bagridae* gen. sp.

分布：越南北部

體長：7㎝（照片中個體

解說：包含鮠（*Leiocassis*）、黃顙魚（*Pelteobagrus*）、鱨（*Pseudobagrus*）、瘋鱨（*Tachysurus*）屬的鱨科魚類大多棲息於流動且水質清澈的河川中，容易缺氧。以小魚及甲殼類為食，屬於肉食性。有些魚種性格溫和，不過多數具有攻擊性。夜行性。在越南，包含這4屬，共有13種。

鮭形目銀魚科

中國銀魚 *Salanx chinensis*（Osbeck, 1765）

分布：中國南部、越南北部

體長：13㎝

解說：此魚為照片中的白色魚類，在11月下旬於越南北部的諒山市場上販售。部分銀魚類會為了產卵逆流而上，是溯河洄游魚，本種也是如此。不確定是否是在流經諒山的淇窮江中採集到的，不過這條河是由中國南部流出的西江水系，距離河口非常遙遠，或許是一路從諒山溯河洄游而來的。在中國的產卵期為2～3月及8～12月。以浮游生物為食。

頜針目異鱂科

鰭斑青鱂 *Oryzias pectoralis* Roberts, 1998

分布：中國南部至越南及寮國北部

體長：3㎝

解說：棲息於緩流的小河、溝渠、水田、池沼等處。以浮游動物及小型水生昆蟲等為食，屬於雜食性。本種最大的特徵為細長的身形，及胸鰭基部的深色斑塊。推測生活史與日本的青鱂類似，不過沒有詳細的生態習性報告。該個體是由越南進口的觀賞魚，在越南北部緩流的小河中可以看到不少。

合鰓目棘鰍科

棘鰍屬未鑑定種 *Mastacemberus* sp.

分布：越南

體長：8㎝（照片中個體）

解說：棲息於石塊多的流動砂礫底河川中游流域。以小魚、水生昆蟲等為食，屬於肉食性。照片中的個體是在越南北部的諒山市近郊相對小型的河川中，在水深及膝的混濁處採集到的幼魚。這個尺寸的幼魚身上淡色斑點非常醒目，隨著成長會逐漸變大。越南有3屬10種棘鰍科魚類，大多分布於南部，越南北部除了本種之外只有少數幾種而已。

日鱸目鱖科

中國少鱗鱖 *Coreoperca whiteheadi* Boulenger, 1900

分布：包含海南島在內的中國南部～越南北部

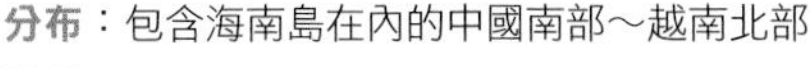

體長：20㎝

解說：從鰓蓋上的眼狀斑紋可以知道其為少鱗鱖屬（*Coreoperca*）。過去多以學名的種名意譯，稱作懷氏少鱗鱖。這個種名是來自於本種記載論文的標本採集者John Whitehead。現在大多稱作中國少鱗鱖，代表其棲地中國南部。該個體是在諒山近郊的河川中游，布滿草叢的岸邊採集到的，體長約8㎝左右。

鰕虎目鰕虎科

吻鰕虎屬未鑑定種 *Rhinogobius* sp.

分布：棲息於中國南部～越南及寮國北部的緩流河川及水田、池沼等處

體長：5㎝（照片中個體）

解說：此魚為2010年7月中從越南北部進口的雄性鰕虎魚。顏色非常鮮艷，是未記載的物種。鰕虎屬（*Rhinogobius*）魚類目前在東亞及東南亞已知約有70種左右，其他還有許多未記載的物種。分布於日本的鰕虎類已經可以細分出許多種類，以目前狀況看來勢必需要分類學上的研究。但是跨國分布的物種很多，因此也有難度。本種完全沒有生態相關的情報，但是在水族箱內的活動與日本的鰕虎類無異。

攀鱸目鱧科

斑鱧 *Channa maculata*（Lacépède, 1801）

分布：包含海南島的長江以南中國南部地區、越南、台灣、菲律賓。經移殖亦分布至日本

體長：50㎝

解說：棲息於水草繁茂的緩流河川及池沼中。以小魚及甲殼類等為食，屬於肉食性。在日本和烏鱧（*C. Argus*）一樣是國外外來種。背鰭及臀鰭的鰭條數較烏鱧多，體型也較大。照片是在越南北部市場拍攝的。鱧科魚類可以進行空氣呼吸，只需要依靠少量的水就能生存，在東南亞等廣泛的地區都是常見的食用魚類。與日本的鱧科魚類相比，體色較鮮明。

寮國 Laos

寮國北部河川

鯉形目腹吸鰍科

思凡鰍屬未鑑定種 *Sewellia sp.*

分布：寮國

體長：5㎝（照片中個體）

解說：棲息於流動且岩石、石塊多的河川上游。主要以藻類為食，屬於雜食性。利用吸盤狀的胸鰭及腹鰭吸附在岩石上，啃食附著在岩石上的藻類。照片中的魚類為2010年左右以「蟒紋爬鰍」這個商品名初次由寮國進口至日本。本屬在東南亞為中心的地區已知有13種，不過本種並未記載在已知種類內。

鯰形目鮡科

老撾紋胸鮡 *Glyptothorax laosensis* Fowler, 1934

分布：湄公河及昭拍耶河流域、越南、馬來西亞

體長：11㎝

解說：棲息於水流湍急，岩石及石塊多的中小型溪流流域。以水生昆蟲等為食，屬於肉食性。胸部有許多皺褶，具有吸盤的效果，可以吸附在岩石上生活。縱扁形的頭部特徵才不會與水流衝突。本屬已知約有100種，棲息於巴基斯坦～中國南部、印尼為主的高地。在寮國有9種分布。

緬甸 Myanmar

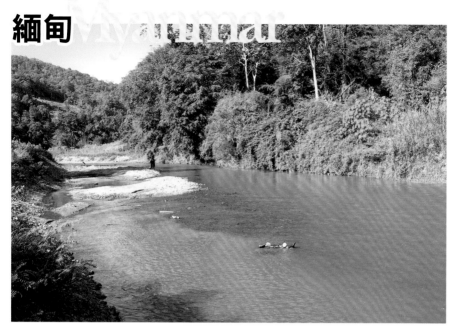

薩爾溫江支流

鯉形目鯉科光唇魚屬

鱲結魚 *Folifer brevifilis*（Peters, 1881）

分布：中國南部、越南、寮國、泰國、緬甸

體長：19～40㎝

解說：棲息於水質清澈的流動河川中～下游流域。以小魚、甲殼類、水草等為食，屬於雜食性。具有䱻屬（*Hemibarbus*）魚類般的外觀，卻不是鮈亞科，而是鲃亞科的魚類，下頜的腹側有鞋把狀的突起。因為棲息於流動水域，受到水壩開發影響而有個體數減少的疑慮。照片中的個體是漁民在位於泰國及緬甸國境的薩爾溫江投網採集到的。

鯉形目鯉科鲃亞科

緬甸鏟齒魚 *Scaphiodonichthys burmanicus* Vinciguerra, 1890

分布：越南、柬埔寨、泰國、緬甸

體長：20㎝

解說：棲息於山間的河川。具有稱作鏟頜的特殊口部構造，可以刮取附著在岩石上的藻類以及附著在藻類上的生物。台灣也有非常類似的高身白甲魚（*Onychostoma alticorpus*），不過兩者關係非常遠，和分布於印度的半泳似真小鯉（*Cyprinion semiplotum*）比較接近。鏟頜魚類在棲息環境和餌食都一樣的情況下，會出現收斂的趨同模式。

鰕虎目鰕虎科

緬甸產吻鰕虎屬未鑑定種 *Rhinogobius* sp.

分布：緬甸

體長：5㎝（照片中個體）

解說：作為觀賞魚由緬甸進口的鰕虎魚屬未鑑定種。身上具有小小的紅色斑點，和棲息於泰國北部的清邁吻鰕虎（*R. chaingmaiensis*）十分相似。在東南亞河川中，鰕虎類棲息的多半是流動的小河，像日本一樣個體數不多，取而代之的是，在該生態棲位中佔了許多南鰍屬魚類（*Schistura*）。在水族箱中的狀態與日本的鰕虎類差不多，身體健壯，也很會吃赤蟲等餌食，很容易飼養。雖然沒有觀察到產卵階段，但是也有抱卵的個體。

印度次大陸

鯉形目鯉科鲃亞科

半泳似真小鯉 *Cyprinion semiplotum*（McClelland, 1839）

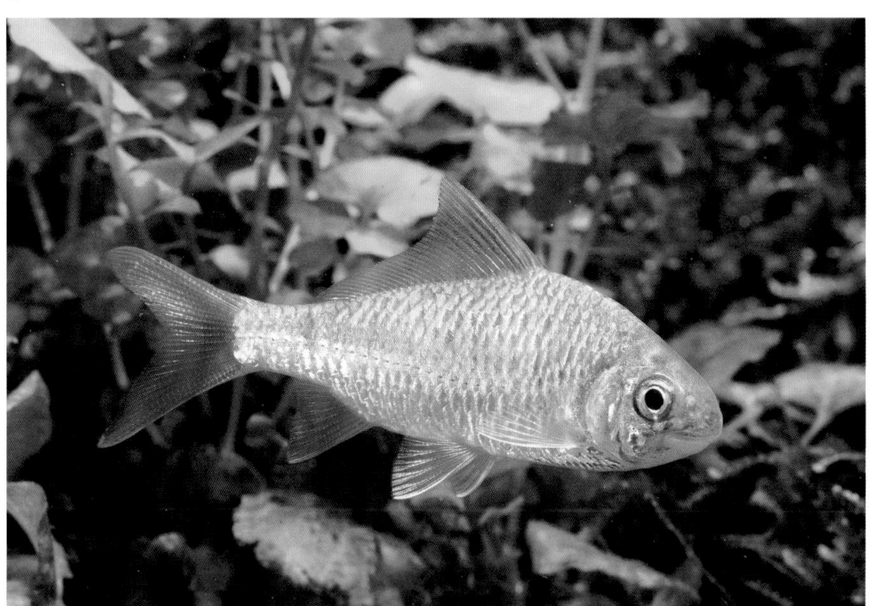

分布：巴基斯坦～緬甸北部

體長：50㎝

解說：棲息於山間流動且相對水深的河川中。具有稱作鏟頜的特殊口部構造，可以刮取附著在岩石上的藻類以及附著在藻類上的生物。台灣也有非常類似的高身白甲魚（*Onychostoma alticorpus*），不過兩者關係非常遠，和東南亞北部的鏟齒魚屬（*Scaphiodonichthys*）較接近。此個體是由印度進口，每年不定期進貨。性格十分兇暴，具有攻擊性，養在水族箱中需特別注意。這種特質或許與會保護狩獵範圍的香魚較相近。

鯉形目鯉科鲃亞科

墨脫新光唇魚 *Neolissochilus hexagonolepis*（McClelland, 1839）

分布：巴基斯坦～中國南部、印尼

體長：1m

解說：棲息於多岩石的流動河川中。以小魚、甲殼類、水草等為食，屬於雜食性。產卵期為4～10月，8、9月為巔峰期。期間會溯河洄游至砂礫底河床產卵。英文名稱為Chocolate masheer及Copper masheer。Masheer為*Tor*屬及*Neolissochilus*屬的總稱。

鯉形目鯉科鲃亞科

黃鰭結魚 *Tor putitora*（Hamilton, 1822）

分布：緬甸～阿富汗北部

體長：2m

解說：棲息於岩石多的河川、湖泊、河灣處，在水溫10℃左右，海拔1,500m的高地也有牠的蹤影。以小魚、甲殼類、水草等為食，屬於雜食性。外觀與*Tor*十分相似的魚類有*Neolissochilus*，兩者為姊妹群組，乍看很難分辨屬別。下頜腹側有鞋把狀突起的就是*Tor*，沒有的話就是*Neolissochilus*。但是幼魚的突起處並不明顯，所以非常難分辨。在日本，偶爾會作為觀賞魚販售，在當地則是熱門的遊釣魚種。此個體是由尼泊爾的卡納利進口。本種的尖狀吻部為其特徵。

鯉形目鯉科裂腹魚亞科

理氏裂腹魚 *Schizothorax richardsonii*（Gray, 1832）

分布：印度北部、不丹、尼泊爾、阿富汗北部

體長：50㎝

解說：棲息於高地上，岩石多的流動中型河川。以水生昆蟲、甲殼類、藻類等為食，屬於雜食性。產卵期是在春天的季風增水期間進行。雖然被稱作雪鱒魚，但其實不是鮭魚的同類，而是鯉魚的同類。在鯉科中屬於冷水性群組。在當地因為水壩建設、河川汙染及鮭科魚類的移殖，導致個體數急遽減少，在紅皮書名錄上被列為易危（VU）等級。此個體為印度進口的幼魚，身上的花紋會隨著成長逐漸消失。

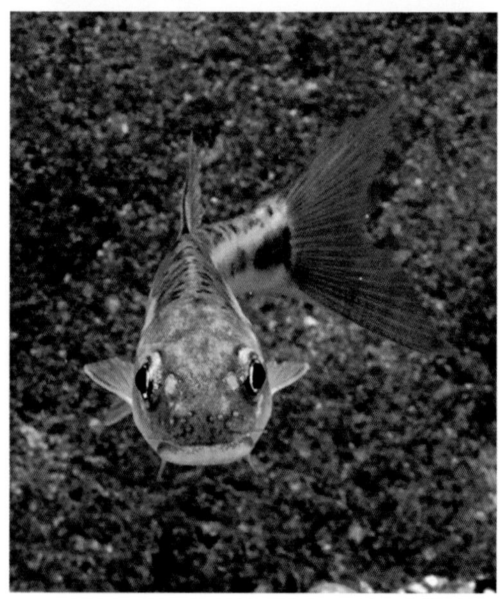

鯉形目鯉科裂腹魚亞科

裂腹魚亞科未鑑定屬種 *Schizothoracinae gen. sp.*

分布：尼泊爾

體長：30cm（照片中的個體）

解說：從細小的鱗片及魚鰭的位置等外觀來看都和三塊魚類十分相似，但是其實牠們的親緣關係很遠，和鯉亞科比較接近。也因為如此，近來較常被當作鯉亞科而非裂腹魚亞科。與三塊魚類相似或許是源於對冷水適應性的收斂趨同模式。照片中的個體是從尼泊爾進口的，在水族箱內飼養時，幼魚會吃粉末狀的配方飼料及赤蟲，隨著成長，可以吃沉入水底的蝦子碎塊及固態配方飼料。

鯉形目鯉科鮊亞科

本代爾低線鱲 *Barilius bendelisis*（Hamilton, 1807）

分布：印度北部、尼泊爾、不丹

體長：18㎝

解說：棲息於水溫低的山間流動河川中。以水生昆蟲、甲殼類等為食，屬於肉食性。成魚體色為銀色，身上排列著黑色小斑點，幼魚身上有條紋狀的花紋。猙獰的臉部不太像一般的鯉科魚類。雖然容易飼養，但是喜歡低溫環境，對水溫變化很敏感，容易罹患白點病。在飼養環境下的產卵情況紀錄於琵琶湖文化館紀要，孵化的仔魚全長大約7㎜左右，情況較平頜鱲（*Zacco platypus*）稍微發達一點。照片中的個體是由印度進口的。

幼魚

鯉形目裸吻魚科

斑裸吻魚 *Psilorhynchus balitora*（Hamilton, 1822）

分布：印度北部、孟加拉北部、緬甸北部、尼泊爾

體長：5㎝

解說：棲息於湍急且岩石、石塊多的砂礫底溪流中。為了吸附在岩石上生活，腹部是平坦的。與爬鰍科的直角平鰭鰍十分相似，但是過去卻被歸類為鯉科，從遺傳角度來看，是由鯉科的原始群組中再分類出來的。和爬鰍類一樣體型可以順應水流，鱗片相對較粗糙，也沒有魚鬚。

鯉形目裸吻魚科

琥珀裸吻魚 *Psilorhynchus sucatio*（Hamilton, 1822）

分布：印度、孟加拉、尼泊爾

體長：6㎝

解說：棲息於山間的溪流。和斑裸吻魚（*Psilorhynchus balitora*）相比，吻端更尖，體型更扁平，可以適應水流更湍急的環境。本屬近年來於分類學上積極地重新檢討，從2000年以前的7種增加到目前的28種。或許是因為棲息於山裡，和其他河流中的群組沒有交流，因而產生了物種分化。又稱為「棋盤裸吻魚」。

鯰形目鈍頭鮠科

芒果鈍頭鮠 *Amblyceps mangois*（Hamilton, 1822）

幼魚

與日本鮠相似的臉

尾鰭上下伸展

分布：泰國北部～巴基斯坦北部

體長：10cm

解說：本種棲息於溪流流域。尾鰭上下延展，和日本的日本鮠（*Liobagrus reinii*）有些許不同。生態習性方面與日本鮠一樣，難以適應高溫及缺氧環境。以水生昆蟲、甲殼類等為食，屬於肉食性。在尼泊爾只有本種分布，以前市面上曾經出現過名為「尼泊爾毛鼻鯰」，尾鰭沒有上下分叉的小型鈍頭鮠（*Amblyceps*），或許還有其他未知的魚種。該個體是由尼泊爾進口的。

鯰形目鮡科

特爾紋胸鮡 *Glyptothorax telchitta*（Hamilton, 1822）

分布：巴基斯坦、印度北部、孟加拉北部、尼泊爾

體長：12㎝

解說：棲息於水流湍急且岩石、石塊多的溪流中。是可以在喜馬拉雅山流下的低溫山泉水中生存的冷水性魚類。以水生昆蟲等為食，屬於肉食性。為了順應水流，胸部發展出許多具有吸盤功能的皺褶，可以吸附在岩石上生活，縱扁形的頭部為其特徵。在尼泊爾的相同地點，還有其他同樣可以順應水流的同科魚類——摺鮡屬（*Pseudecheneis*）及邁氏鮡（*Myersglanis*）。

俄羅斯東部 黑龍江

俄羅斯

本章提到的俄羅斯主要是指稱作極東地區的俄羅斯東部地區，在氣候分類方面，比起溫帶，更偏向亞寒帶地區。以歐亞大陸東部為中心進行種別分化，具有古北界西伯利亞特質的魚類群組，與棲息於日本的中村三塊魚（*Tribolodon nakamurai*）及小山鬚鰍（*Barbatula oreas*）等北方物種有著非常密切關係，和中國大陸北部及朝鮮半島的魚類之間也有緊密的連結。

俄羅斯極東地區涵蓋了黑龍江與烏蘇里江等大河，以及以興凱湖為首的幾個湖泊等豐富的自然環境，同時也是西伯利亞虎（*Panthera tigris altaica*）等著名的哺乳類的棲息地。與日本相比，溫暖的時期較短，生命會在春夏之際一口氣孕育出來。特別是昆蟲類的活動都會集中在這段短暫的時間內，例如5～6月左右會出現大量蚊蚋，雖然經常讓人們感到煩惱，但是對魚類來說是一頓大餐，對於多樣化的魚類相形成應該也有一些貢獻。此外，在夏季，也有一些地區一天之內的氣溫變化可以從早晚

〔MAP〕

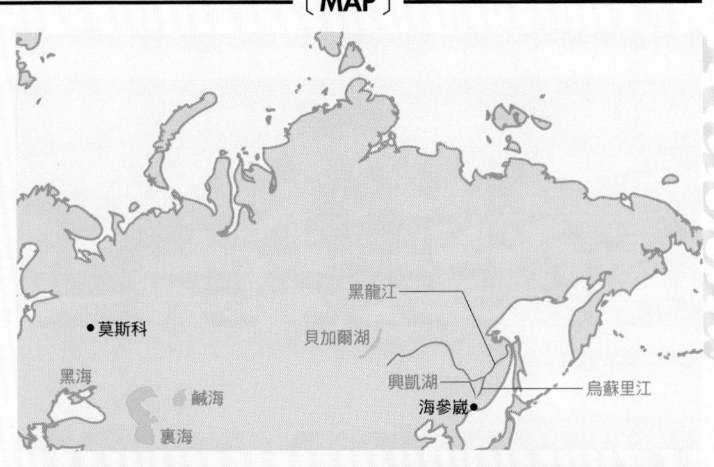

擬赤稍魚

黑海鰉

的10℃到中午的30℃以上，溫差非常大。

這些地區的鮭魚、鱒魚非常多，除了鉤吻鮭（*Oncorhynchus keta*）、大鱗鉤吻鮭（*O. tshawytscha*）等日本也熟知的魚類，也包含了茴魚（*Thymallus thymallus*）、細鱗魚（*Brachymystax lenok*）等各式各樣日本不常見的魚類。前者作為漁業捕撈對象，是非常重要的魚種。其他還有體長可達2m的哲羅魚（*Hucho taimen*）等多種充滿魅力的魚類。

說到俄羅斯的代表性魚類，應該就是鱘魚了吧。像史氏鱘（*Acipenser schrenckii*）只分布於黑龍江水系，可以在廣泛的淡水至汽水域之間看見牠的身影。此外，這裡也分布了在日本曾有捕獲紀錄的鰉魚（*Huso dauricus*）。目前，鱘類因為土地開發等因素造成個體數急遽減少，因此正在進行流放復育。黑龍江內還棲息了黑斑狗魚（*Esox reichertii*）等約130種魚類，具高度生物多樣性。

鱘形目鱘科

貝加爾湖鱘 *Acipenser baerii baicalensis* Nikolskii, 1896

分布：貝加爾湖

體長：2m

解說：本種為廣泛分布於俄羅斯的西伯利亞鱘（*A. b. baerii*）的亞種。特徵是下頜中央有龜裂痕跡，觸鬚沒有纖毛狀突起，還有團扇形的鰓耙。茶褐色的體色給人和其他鱘類不太一樣的印象。產卵期會溯河而上，並產卵在水流湍急的砂礫底河床上。除了是華盛頓公約管制國際交易的對象外，在紅皮書名錄上也屬於瀕危（EN）物種。

鱘形目鱘科

小體鱘 *Acipenser ruthenus* Linnaeus, 1758

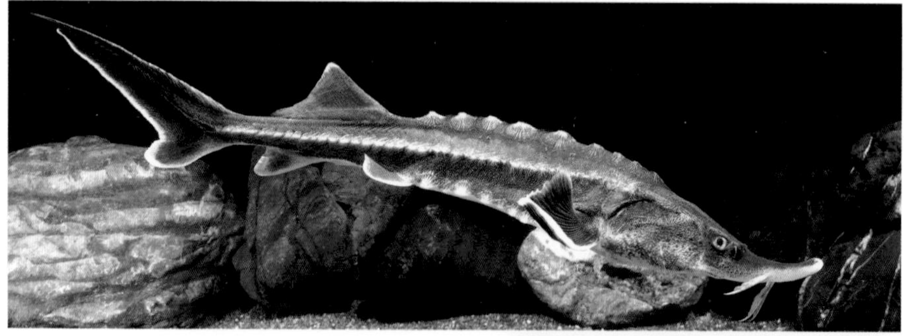

分布：自然分布於葉尼塞河～黑海至裏海為止的俄羅斯境內。經移殖亦分布於歐洲

體長：通常為40cm（最大可至1.3m）

解說：鱘類中較小型的種類。特徵是左右鰓膜沒有相連，觸鬚有纖毛狀突起。主要棲息於水深的大河中，屬於淡水種。春天時會溯河而上，到上游處產卵。因為濫捕、汙染等因素造成個體數驟減。是華盛頓公約管制國際交易的對象，在紅皮書名錄上也屬於易危（VU）物種。

鱘形目鱘科

閃光鱘 *Acipenser stellatus* Pallas, 1771

分布：裏海、黑海、亞速海、愛琴海

體長：通常1.3m（最大2.2m）

解說：棲息於河川及海中，春天產卵期時會溯河而上，在水流湍急的砂礫底河床上產卵。主要以魚類、甲殼類、貝類等為食。特徵是鰓耙為鞭狀，所有的觸鬚長度都一樣，且位置比起吻端更靠近口部，尾柄於腹側有0～1塊稜鱗。因為濫捕造成個體數驟減，華盛頓公約管制國際交易的對象，在紅皮書名錄上也屬於極危（CR）物種。魚卵可製成著名的魚子醬。

鱘形目鱘科

黑海鰉 *Huso huso*（Linnaeus, 1758）

分布：裏海、黑海、亞得里亞海

體長：2～8m

解說：又稱為鱘龍魚（Beluga），是鱘類中體型最大的種類。特徵是相連於腹側的鰓膜。和其他鱘類一樣棲息於河川及海中，春天產卵期時會溯河而上。口不比其他鱘類大，屬於肉食性，除了魚類之外甚至會捕食水鳥及海豹幼體。因為濫捕造成個體數驟減，華盛頓公約管制國際交易的對象，在紅皮書名錄上也屬於極危（CR）物種。魚卵可製成著名的魚子醬。

鯉形目鯉科鯉亞科

銀鯽 *Carassius gibelio*（Bloch, 1782）

分布：自然分布於東亞，經移殖亦分布於歐洲

體長：35㎝

解說：本種喜歡在低地的混濁靜止水域中活動。對含氧量低及汙染環境的耐性較高。透過DNA分析發現其為金魚的祖先，還一度造成話題。在歐洲還有二倍體群組及三倍體群組，包含與鯽魚（*C. auratus*）的關係在內，鯽魚的世界分類學研究仍有許多不明點。此個體是在流經位於俄羅斯沿海地區興凱湖東部的烏蘇里江中，以流刺網捕捉到的。

鯉形目鯉科鱊亞科

大鰭鱊 *Acheilognathus macropterus*（Bleeker, 1871）

分布：黑龍江水系～越南北部。經移殖亦分布於日本

體長： 8～12㎝

解說：近年來日本對於本種已有國外外來物種的認知，由於分布地區廣泛，可以想見其適應力之高。不過，根據地區也會有基因上的差異，或許有些隱蔽種的存在。此個體是在流經位於俄羅斯沿海地區興凱湖東部的烏蘇里江中，以垂釣的方式捉到的。在6月中旬雄魚會出現婚姻色，雌魚則是產卵管會變長。

鯉形目鯉科鱊亞科

絲鰟鮍 *Rhodeus sericeus*（Pallas, 1776）

分布：黑龍江流域、薩哈林島。經移殖亦分布於其他地區

體長：10㎝

解說：以俄羅斯東部的鄂嫩河中的個體為基準而記載的本種，與苦味鰟鮍（*R. amarus*）在分類學上的關係有些問題。由於兩者的分布地區沒有相連，近年來較常被視為別種，或是苦味鰟鮍的亞種。該個體是在流經位於俄羅斯沿海地區興凱湖東部的烏蘇里江中，以四手網捕捉到的。在6月中旬雄魚會出現婚姻色，雌魚則是產卵管會變長。

鯉形目鯉科鮈亞科

花䱻 *Hemibarbus maculatus* Bleeker, 1871

分布：黑龍江流域～中國

體長：25～45㎝

解說：棲息於緩流的河川中。主要以水生昆蟲、甲殼類、貝類為食。生態習性與棲息於日本的䱻屬魚類（*Hemibarbus labeo*）及唇䱻（*H. labeo*）相同。在俄羅斯只有本種及唇䱻，特徵是尾鰭上有許多黑色斑點。䱻屬（*Hemibarbus*）在形態上的差異非常少，幼魚也十分難分辨。此個體是在流經位於俄羅斯沿海地區興凱湖東部的烏蘇里江中，以流刺網捕捉到的。

鯉形目鯉科鮈亞科

華鰁 *Sarcocheilichthys sinensis*（Bleeker, 1871）

分布：黑龍江流域的中國、蒙古及朝鮮半島北部

體長：12～25㎝

解說：在俄羅斯東部，除了本種之外，還有黑鰭鰁（*S. nigripinnis*）及素氏鰁（*S. saldatovi*），共三種。俄羅斯的華鰁，有人認為其為華鰁的亞種，學名為*S. sinensis lacustris*，另一派說法則認為牠是獨立的種，學名為*S. lacustris.*。此個體是在流經位於俄羅斯沿海地區興凱湖東部的烏蘇里江中，以垂釣的方式捉到的，約20㎝時可以看見婚姻色。

鯉形目鯉科雅羅魚亞科

瓦氏雅羅魚 *Leuciscus waleckii*（Dybowski, 1869）

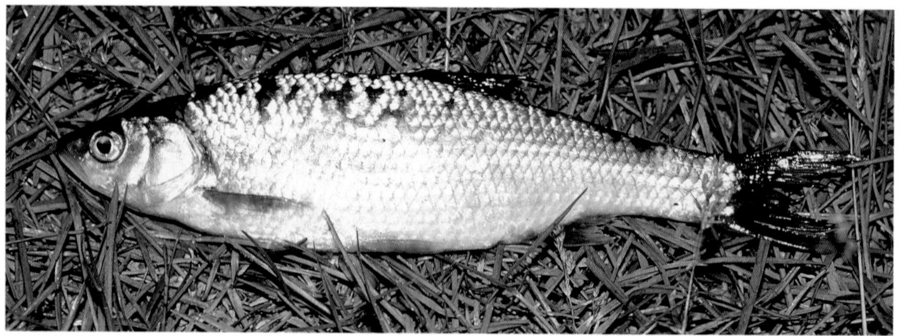

分布：黑龍江流域～中國的西江流域

體長：27㎝

解說：棲息於緩流的河川及湖沼中。主要以水生昆蟲等為食。耐鹽分及鹼性水質，在內蒙古中部鹽度至6‰、pH8.3～9.6的水質中也能生存。雅羅魚亞科的魚類對鹽分濃度及酸度都有一定的耐受性，本種也是其中的一種。與分布於歐洲的紅鰭亞羅魚（*L. idus*）相似，故日文名稱類似。此個體是在流經位於俄羅斯沿海地區興凱湖東部的烏蘇里江中，以流刺網捕捉到的。

鯉形目鯉科雅羅魚亞科

擬赤稍魚 *Pseudaspius leptocephalus*（Pallas, 1776）

分布：黑龍江流域、蒙古、薩哈林島

體長：42～68㎝

解說：又稱作紅尾，此魚和中村三塊魚（*Tribolodon nakamurai*）一樣下頜突出，特徵是銀色的身體，以及包括尾鰭的各處魚鰭都是紅色的。在基因方面，和三塊魚屬（*Tribolodon*）為姊妹群組。以魚類為食。6月左右迎來產卵期。生態習性不明，推測應該與中村三塊魚類似。屬名為*Pseudaspius* 是因為與棲息於歐洲的赤稍雅羅魚（*Leuciscus aspius*）相似。此個體是在流經位於俄羅斯沿海地區興凱湖東部的烏蘇里江中，以流刺網捕捉到的。

鯉形目鯉科鮊亞科

蒙古紅鮊 *Chanodichthys mongolicus*（Basilewsky, 1855）

分布：蒙古、黑龍江流域～長江流域

體長：50㎝～1m

解說：棲息於大河及湖泊中。產卵期大約從6月開始，詳細的生態習性不明。胸鰭、腹鰭、尾鰭的下葉等處都帶紅色，所以也被稱為紅尾，但是與上述的紅尾（*Pseudaspius leptocephalus*）是不同種的魚類。鮊類之中，像本種一樣具有紅色魚鰭的還有紅鰭鮊（*C. erythropterus*）。本種的基準為冬天於中國販售蒙古產冷凍魚的紀錄，種名也是因此而來。此個體是在流經位於俄羅斯沿海地區興凱湖東部的烏蘇里江中，以流刺網捕捉到的。

鯉形目鯉科鯝亞科

鰲條 *Hemiculter leucisculus*（Basilewsky, 1855）

分布：黑龍江水系～包含朝鮮半島的越南北部、台灣、蒙古。亦有移殖至日本

體長：17～23㎝

解說：如同英文名稱Sharpbelly字面上描述的，其腹部中線上具有稜脊。棲息於大型河川中，可以快速地游動。以浮游動物、水生昆蟲、甲殼類、藻類等為食，屬於雜食性。為廣域分布種，對環境適應力強，推測每個地區有各自獨立的群體存在。日本岡山縣也有採集到身為國外外來種的鰲條，若在日本能維持個體群，則定著的可能性高。此個體是在流經位於俄羅斯沿海地區興凱湖東部的烏蘇里江中，以流刺網捕捉到的。

鯉形目鯉科鯝亞科

黑龍江馬口鱲 *Opsariichthys uncirostris amurensis*（Temminck & Schlegel, 1846）

分布：東亞北部

體長：12～33㎝

解說：在分類學上仍處在曖昧不明的狀態，有些人認為牠是棲息於日本的真馬口鱲（*O. u. uncirostris*）的亞種，也有另一種意見認為牠是馬口鱲（*O. bidens*）的同物異名。在小型狀態即達成熟階段這點看來，與馬口鱲較接近，仍待後續研究報告結果。此個體是在流經位於俄羅斯沿海地區興凱湖東部的烏蘇里江中，以流刺網捕捉到的。

鯰形目鯰科

鯰魚 *Silurus asotus* Linnaeus, 1758

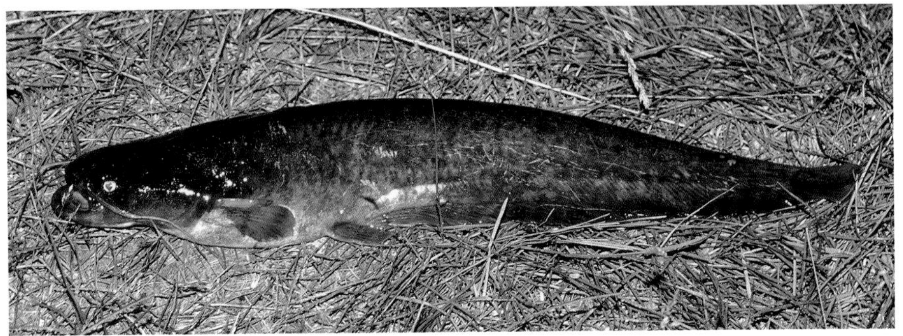

分布：東亞

體長：50～80㎝

解說：黑龍江流域除本種外還有懷頭鯰（*S. soldatovi*）分布，背鰭的軟條數較少，為4（懷頭鯰為6），臀鰭軟條數也較少，為67～84（懷頭鯰為83～90）。生態習性方面推測與日本的個體群無異。此個體是在流經位於俄羅斯沿海地區興凱湖東部的烏蘇里江中，以流刺網捕捉到的。

狗魚目狗魚科

黑斑狗魚 *Esox reicherti*（Dybowski, 1869）

分布：黑龍江流域、薩哈林島、蒙古的鄂嫩河及克魯倫河流域

體長：50㎝～1m

解說：棲息於河川及湖沼中。性格兇猛，以魚類及兩棲類等為食，屬於肉食性。與廣泛分布於北半球的白斑狗魚（*Esox lucius*）相似，不過本種的銀色身體上排列著黑色斑點，而白斑狗魚為暗綠色～褐色的淡色斑點。兩者在基因上的關係十分相近，入侵美國成為國外外來種的本種會與白斑狗魚雜交。個體是在流經位於俄羅斯沿海地區興凱湖東部的烏蘇里江中，以流刺網捕捉到的。

鰕虎目鰕虎科

林氏吻鰕虎 *Rhinogobius lindbergi* Berg, 1933

分布：黑龍江流域

體長：4㎝

解說：本種為棲息於俄羅斯沿海地區的鰕虎魚，也是分布範圍最北邊的其中一種。照片中的個體為俄羅斯進口的觀賞魚。飼養容易，性格溫馴。俄羅斯沿海地區除了本種之外，還有褐吻鰕虎（*R. brunneus*）分布。*Rhinogobius brunneus* 的學名最初是沿用西博爾德在長崎採集並製作的標本命名，是褐吻鰕虎的有效學名。因此推測俄羅斯沿海地區的褐吻鰕虎為別種，極東地區的吻鰕虎類相關情報不多，在分類學上還有許多未解之謎。

未鑑定種3種

釣客的意外漁獲

照片中的魚類是我們在前往俄羅斯東南部的興凱湖東邊的烏蘇里江時，請當地的釣客向我們展示的漁獲。從釣客的裝備及漁具看來，應該是要釣細鱗魚（*Brachymystax lenok*），不過我們在漁獲中並沒有看到。

這些魚由上而下分別為南鰍屬未鑑定種（*Schistura* sp.）、大吻鱥未鑑定種（*Rhynchocypris* sp.）、鮭科的幼魚。南鰍（*Schistura*）與條鰍（*Barbatula oreas*）及斑北鰍（*Lefua echigonia*）為相近的同類，從身體的花紋、口唇部的特徵等難以辨別，未記載種也很多。包含這三種魚類在內，俄羅斯的魚種與中國魚類的共通種繁多，和日本的魚類也十分相似。

（文：佐土哲也）

黑龍江

俄羅斯黑龍江的水邊生物～瞭解日本生物發展過程的地區～

我曾經為了進行魚類調查而走訪流經俄羅斯沿海地區的黑龍江。目標為海參崴至興凱湖這段區域，從那裡開始往東轉個大彎，眼前就會出現一條大河——烏蘇里江。我在河畔一個名為貝爾翠波的小村莊紮營，在烏蘇里江附近過了兩晚露營生活。傍晚，漁民們撒下流刺網，隔天早上前往回收時看見了大型魚類中夾雜了一些手掌大的中華鱉。雖然和日本的中華鱉屬於同種，但是在俄羅斯是屬於保育類動物。

6月中旬是沿海地區最舒適宜人的季節。白天很熱，沒有在河裡游泳的話會覺得快被曬乾。入夜後，露營場周圍就會變成蛙類的天堂。在水邊大聲鳴叫的是東北雨蛙。其他還有許多日本也很熟悉的物種，例如體色變化多端的黑斑蛙等。其中稍微有點不一樣的是花背蟾蜍，一大群小拇指指尖大小的黑色幼體會從水邊一起上岸。成體有著圓滾滾的體型，動作靈活，這樣的姿態真是看不膩。和日本差異較大的物種，有叫聲如同鈴鐺般悅耳的東方鈴蟾。在泥濘的水窪可以看見許多東方鈴蟾聚集，合唱出美妙的音色。河邊還可以看到名為赤蛙，卻有著偏黑體色及白色腹部的黑龍江赤蛙在跳著。

在這裡，白天四處都可以看到蛇類的蹤影。棕黑錦蛇的別名為黑龍江鼠蛇，如同這個名稱敘述，牠主要的捕食對象是老鼠。外觀上，屬於大型蛇類，體色是黑底帶有漂亮的黃色帶狀花紋。在溼熱的地點，還能看到烏蘇里蝮蛇。因為是很擅長融入周遭景色的蛇類，所以我們在走路時也十分小心。棕黑錦蛇的幼蛇體色與烏蘇里蝮蛇的體色相近，可以偽裝成毒蛇，欺騙敵人。

其他還有許多和日本共通的物種，對於生物地理及日本生物發展過程的研究而言，這裡可說是非常重要的地區。

（文：關 慎太郎）

在非常小的溪流中發現螯蝦

【日本的近緣物種】

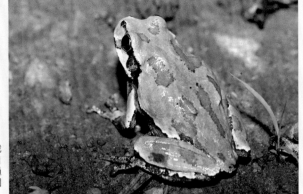

東北雨蛙
Hyla japonica

在日本四處都能見到的蛙類，在俄羅斯沿海地區也經常能觀察到。目前認為與日本的個體為同種，不過體型稍大，有許多5㎝左右的個體。

黑斑蛙
Pelophylax nigromaculatus

目前認為與日本的個體為同種，此外，這裡也有許多個體具有日本沒見過的花紋。和東北雨蛙一樣，可以在俄羅斯沿海地區觀察到許多此物種的個體。

中華鱉
Pelodiscus sinensis

在烏蘇里江以流刺網捕捉到的。數量稀少，是稀有保育類動物。

【大陸系的生物】

東方鈴蟾　***Bombia orientalis***

背面為黃綠色，腹部呈橘色或紅色，體色十分特別。當敵人靠近時，前後肢會翻轉露出腹部，這個動作稱作「預感反射」，是種警告的姿態。被激怒時身體會漸漸脹成圓形。烏蘇里江沿岸的車轍水窪中可以看到許多此物種的身影。

花背蟾蜍　***Bufo raddei***

特殊的花紋為其特徵，體型圓滾滾的，動作卻很迅速。在俄羅斯沿海的興凱湖及烏蘇里江，入夜時於露營場附近發現了許多個體。

黑龍江赤蛙　***Rana amurensis***

是種跳躍力佳的蛙類，常見於烏蘇里江沿岸及山區的水邊。在一般棲息於日本的赤蛙類比起來體色較黑。此外，這次觀察到許多個體背上都有一條線。

棕黑錦蛇　*Elaphe schrencki*

大型蛇類，體長可達1m80㎝左右。幼蛇體色和棲息於日本的蝮蛇十分相似。主要以蛙類及鼠類為食，在水邊觀察到許多個體，不過都是幼蛇。白天在烏蘇里江沿岸釣魚時，在對岸周邊有看見此物種游泳的身影。

烏蘇里蝮蛇　*Gloydius ussuriensis*

在韓國也有分布，不過在日本沒有見過（在長崎縣對馬有近緣的對馬島蝮（*Gloydius tsushimaensis*）分布）。常見於河岸及溼地，大多是在做日光浴的樣子。主要以蛙類及鼠類為食。

褐鱒

歐　洲

歐洲位於歐亞大陸西側的位置，簡單來說，就是從烏拉山脈至裏海，接著到博斯普魯斯海峽西側的地區。緯度比日本更北，氣候受到墨西哥灣暖流影響，從暖洋面吹來西風，形成溫暖的溫帶性氣候，是淡水魚的寶庫。根據2007年出版《Handbook of European Freshwater Fishes》（M. Kottelat. J. Freyhof著）的紀錄，這個地區有550種左右的原生種，再加上此地區的魚類研究興盛，說是淡水魚研究最徹底的地區也不為過。

說到歐洲的淡水魚，除了鮭魚、鱒魚類之外，鯉科魚類的雅羅魚亞科、鮈亞科、鰍科魚類在這個地區也是欣欣向榮，特別有趣的是，棲息在遙遠的朝鮮半島的真鱥（*Phoxinus phoxinus*）在歐洲也有分布。同樣情況的魚類還有苦味鰟鮍（*Rhodeus amarus*），東亞的個體群由於基因不同，所以被分類為絲鰟鮍（*R. sericeus*）這個物種。

歐洲就像這樣，有些和東亞相似的魚類分布。此外，由於氣候和日本十分相似，在過去

〔MAP〕

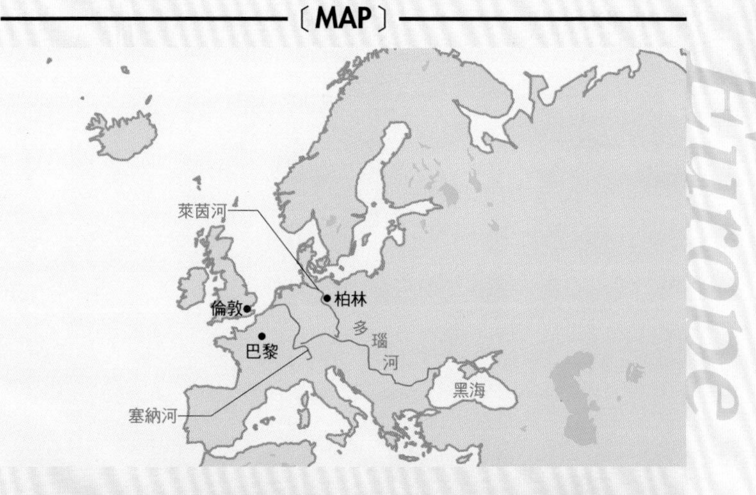

條鰍

江鱈

曾有些物種被引進日本，例如紅眼魚（*Scardinius erythrophthalmus*）被當作淡水珍珠幼年期的宿主；而衰白鮭（*Coregonus maraena*）則是作為食用魚被引進，後者現在成為了長野縣的名產。褐鱒也是歐洲的魚類，是歐洲貴族喜歡的遊釣魚類代表。

由於日本與歐洲氣候相近，對於歐洲魚類而言是個容易適應的環境，反過來想，這也代表著牠們具有定著日本的可能性，確實容易成為國外外來物種。舉例來說，過去作為觀賞魚進口的歐洲巨鯰（*Silurus glanis*）就被列為特定外來物種，這種體長可達4m的大胃王魚類若在日本定著，後果會非常可怕。至於在歐洲的外來種問題，從北美引進的麥奇鉤吻鮭（*Oncorhynchus mykiss*）及中國的羅漢魚（*Pseudorasbora parvus*）都有對生態系造成影響。

鱘形目鱘科

裸腹鱘 *Acipenser nudiventris* Lovetsky, 1828

分布：黑海、鹹海、裏海。經移殖亦分布至哈薩克

體長：1.3～1.8m

解說：棲息於泥底大河的河口地區及沿岸地區。以底棲魚類及貝類、甲殼類等為食，屬於肉食性。雄魚成熟時間需6～15年，雌魚為12～22年。基本上是溯河洄游型魚類，不過也有一些群體不會洄游，會待在淡水區域。目前已知會在春秋兩季溯河而上。

秋季洄游的群體會在下個春天之前停留於河中產卵。產卵期為3～6月，地點在湍急且水深的砂礫底大河中。孵化後的雉魚會在淺灘生活，大多數的個體最後會游入海中，不過也有少部分會留在河中生活。和其他的歐洲鱘屬（*Acipenser*）魚類不同的是下顎中央沒有斷開的裂痕。魚皮可以製成皮革製品，魚卵可食用，軟骨也可製成藥品，利用價值高。不過現在是是華盛頓公約管制國際交易的對象，在紅皮書名錄上也屬於極危（CR）物種。又稱作鱘鰉魚、青黃魚。

背部及側面都具有鱗板

吻部下方有4條觸鬚

鯉形目鯉科鱊亞科

苦味鰟鮍 *Rhodeus amarus*（Bloch, 1782）

分布：歐洲中西部，亦有移殖至法國西部及俄羅斯東部

體長：3.5㎝

解說：棲息於低地水草茂盛的泥沙底緩流河川及池沼中。以藻類、水生昆蟲為食，屬於雜食性。在水溫超過15℃的4～8月之間會產卵在蚌屬（*Unio*）及圓蚌屬（*Sinanodonta*）的貝類中。雖然在紅皮書名錄中屬於低危險物種，但是因為環境污染等因素，有數量減少的可能，需要持續觀察。和絲鰟鮍（*R. sericeus*）曾為亞種關係，不過因為在地理上距離遙遠，現在已被分類為不同物種。

色彩變異個體

鯉形目鯉科鮈亞科

鮈 *Gobio gobio*（Linnaeus, 1758）

分布：英國、法國中部～烏拉山脈

體長：10㎝

解說：棲息於砂礫底河川及湖泊中。以水生昆蟲、甲殼類及藻類等為食，屬於雜食性。本屬在歐洲已知有17種，可由側線鱗列數及胸部鱗片的分布樣貌、體型等特徵辨別。本種的特徵為肛門～臀鰭基部為止的鱗列數為4～5列，與眼徑相等或是稍大，胸部沒有被鱗，側線鱗列數則為39～42。

鯉形目鯉科雅羅魚亞科

大鼻軟口魚 *Chondrostoma nasus*（Linnaeus, 1758）

分布：流入黑海、波羅的海南部、北海南部的河川。經移殖亦分布至法國及義大利北部

體長：46㎝

解說：本種棲息於湍急的岩石及砂礫底中～大型河川中。以藻類及有機物碎屑等為食。春天時會為了產卵而往河裡移動，屬於河川洄游性魚類。又稱為大鼻雅羅魚，因為成魚的吻部前方有微微突起。

鯉形目鯉科雅羅魚亞科

小赤稍魚 *Leucaspius delineatus*（Heckel, 1843）

分布：俄羅斯西部至萊茵河下游，及德國北部。經移殖分布於萊茵河上游、英國南部、法國、瑞士

體長：10㎝

解說：本種為單型種，棲息於水草茂盛的河川及湖沼岸邊及溝渠等處，有成群生活的習性。繁殖期為5～7月，會在水草中產下1.3～1.4㎜的卵。在德國，這種魚類是突然從以前沒見過其蹤影的湖中出現，因此又被稱為「沒有母親的魚」。推測或許是因為魚卵附著在水鳥的腳上而帶來的。

鯉形目鯉科雅羅魚亞科

赤稍雅羅魚 *Leuciscus aspius*（Linnaeus, 1758）

分布：流入北海、波羅的海、瑞典南部、黑海、亞速海、裏海、愛琴海等水域的河川流域

體長：80㎝

解說：棲息於大型河川及湖泊中，成魚也會入侵汽水域。主要以魚類為食，偶爾也會捕食小型水鳥。成魚的下顎突出，看起來表情猙獰。4～6月左右會溯河而上，在具有水草的湍急砂礫底河床產下黏性卵。過去曾為赤稍魚（*Apsius*）單型種，現在因為基因研究結果被分類為雅羅魚屬（*Leuciscus*）。

鯉形目鯉科雅羅魚亞科

紅鰭雅羅魚 *Leuciscus idus*（Linnaeus, 1758）

分布：除了中國至斯堪地那維亞半島北岸的歐洲中部。經移殖亦分布於英國、義大利、美國、紐西蘭等處

體長：通常35～40㎝（最大85㎝）

解說：棲息於低地的緩流大型河川中游至汽水域及湖泊中。以水生昆蟲、甲殼類、卷貝、魚類等為食，屬於肉食性。3～6月的產卵期間會往河川支流移動，在河川淺水處的砂礫、小石塊及水草之間產卵。英文名稱又名Orfe。觀賞用的種類有金色及藍色等不同的體色。

色彩變異個體（金色）

色彩變異個體（藍色）

鯉形目鯉科雅羅魚亞科

紅眼魚 *Scardinius erythrophthalmus*（Linnaeus, 1758）

分布：俄羅斯西部～法國以東及愛爾蘭、英國東南部。經移殖亦分布於西班牙及科西嘉島

體長：35㎝

解說：棲息於水草茂盛的緩流低地河川湖沼中。雜食性。在水溫超過15℃的4～7月之間會在水草中產卵。過去曾引進日本作為遊釣魚類及淡水珍珠貝稚貝的宿主。有進行養殖，也有在琵琶湖採集的經驗。

色彩變異個體

鯉形目鯉科雅羅魚亞科

文鯿 *Vimba vimba*（Linnaeus, 1758）

分布：流入裏海西部、黑海、馬摩拉海、波羅的海南部、北海的河川

體長：35㎝

解說：棲息於大型河川中游至汽水域，以及與河川相連的湖泊中。以水生昆蟲、甲殼類、貝類等為食，屬於肉食性。產卵期為4～6月，雄魚體色一般為銀色，繁殖期間體色會偏黑，腹側則會變成鮮豔的橘色，配色和日本的珠星三塊魚（*Tribolodon hakonensis*）十分相似。

鯉形目鯉科雅羅魚亞科

真鱥 *Phoxinus phoxinus*（Linnaeus, 1758）

分布：除了斯堪地那維亞半島北端的西伯利亞西部～法國，以及英國、愛爾蘭、黑龍江流域、朝鮮半島

體長：10㎝

解說：本種棲息於水質清澈的砂礫底河川上游及湖泊中，有群游的習性。在水溫超過10℃的4～6月左右會進行產卵，有部分會持續至秋季。出現婚姻色的雄魚體側帶有一條金屬光澤的線條，腹部則是呈鮮紅色，看起來非常顯眼。分布區域分別在歐亞大陸的東邊及西邊，在基因上的關係上也不近，未來可能會分類為不同物種。

鯉形目鯉科丁鱥亞科

丁鱥 *Tinca tinca*（Linnaeus, 1758）

餌を食べる

丁鱥色彩變異個體

分布：俄羅斯的鄂畢河及葉尼塞河開始至斯堪地那維亞半島西部，與包含英國中南部的歐洲。經移殖亦分布於美國、非洲、印度等處

體長：60㎝

解說：本種棲息於水草茂盛的緩流泥底河川中下游及湖沼中。雜食性。產卵期因地而異，大約會在水溫超過19℃的初夏至秋季。有金色及藍色等觀賞用的體色變異個體。丁鱥分泌的黏液據說可以治癒其他魚類的傷口，因此又被稱為「醫生魚」。

鯉形目條鰍科

條鬚鰍 *Barbatula barbatula*（Linnaeus, 1758）

分布：俄羅斯西部～芬蘭南部及瑞典南部，包含法國、英國中南部、愛爾蘭

體長：14㎝

解說：本種主要棲息於山間具有小石塊及岩石底的流動河川中，不過在沙底溝渠及湖岸也能看見牠們的蹤影。以小型無脊椎動物為食。產卵期在水溫超過10℃的4～6月。生活習性和生命週期大致和日本的紅腹鬚鰍（*B. oreas*）相同。在歐洲也是一般常見的魚類。

鮭形目鮭科

衰白鮭 *Coregonus maraena*（Bloch, 1779）

分布：波羅的海沿岸

體長：60㎝

解說：本屬口部較小，特徵是上顎將下顎覆蓋的外形。主要以小魚及水生昆蟲等為食。可分為洄游型及陸封型，洄游型會在6～11月水溫低於10℃時溯河而上，在低鹽分的汽水域或是低地的河川中產卵。日本在昭和時期曾經首度將此魚放流至琵琶湖中，但是沒有成功定著，之後在其他地區也都定著失敗。最後在長野縣成功地進行完全養殖，體色為白雪般的美麗銀白色，因此日文名稱又稱作信濃雪鱒。照片中即為長野縣養殖的個體。

鮭形目鮭科

褐鱒 *Salmo trutta* Linnaeus, 1758

分布：歐洲中部～北部。經移殖亦分布至歐洲南部及美國、非洲等地

體長：通常60㎝

解說：目前已知有降海型、降湖型、河川型這種三種類型，亦有人主張這些皆為不同的物種。1892年夾雜在美洲紅點鮭（*Salvelinus fontinalis*）的魚卵中，從美國引入日本，現在分布於北海道、秋田縣、栃木縣中禪寺湖、神奈川縣蘆之湖等部分地區。報告顯示有與日本的鮭科魚類雜交的情形，在北海道已有禁止移殖的相關規範。是著名的遊釣魚類，此個體是在山梨縣藉由垂釣採集到的個體。

鱈形目江鱈科

江鱈 *Lota lota*（Linnaeus, 1758）

分布：歐洲、西伯利亞、北美

體長：1m

解說：俗稱山鯰或花鯰的江鱈是淡水性的鱈形目魚類。下顎的前端有一根觸鬚，吻部則有一對。有些鱈形目魚類如黃線狹鱈（*Gadus chalcogrammus*）具有三個背鰭，本種背鰭為兩個。棲息於湖泊及緩流的河川中。夜行性。在歐洲，產卵期大約會在水溫低於6℃的11～3月開始進行，產卵時會有20條左右的江鱈聚集呈一個60㎝左右的球體，再開始產卵。

刺魚目棘背魚科

北美三刺魚 *Gasterosteus aculeatus* Linnaeus, 1758

分布：歐洲、北美、日本等溫帶～亞寒帶地區

體長：6～7㎝

解說：在歐洲，已知的刺魚屬（*Gasterosteus*）有4種，本種即為其中一種，且在日本也有群組棲息。此外，分布於歐洲的個體群可分為溯河型及陸封型的群組，棲息於淡水域、汽水域及海中。雄魚會築巢，產卵後也有護卵的習性。歐洲的溯河型個體在汽水域及海中成長至2歲時，會於3～4月左右移動至低地的淡水水域，迎來產卵期；而陸封型的個體則是會在一年間進行產卵。護卵行為會持續至6月左右。

移入・定著的大口黑鱸（滋賀縣琵琶湖）

北　美

北美大陸的寬廣程度次於非洲大陸，西側有南北向的洛磯山脈，東側為較低的阿帕拉契山脈，中部為廣大的平原地形。涵蓋的氣候帶從熱帶到寒帶，範圍也十分地廣，每個氣候帶內都有各式各樣適應該氣候的生物生存著。內陸水域有五大湖及密西西比河、科羅拉多河、聖羅倫斯河等大河流經，其中較特別的是流經中央大平原，向南注入墨西哥灣的密西西比河，其長度為3,734km，是北美洲流域最廣大的河川。在北美洲有超過50科1,200種魚類棲息，而其中的280種以上分布於密西西比河中。北美大陸是具有高度生物多樣性的地區之一，在動物地理分區分類為新北界。

北美的淡水魚類相受到緊鄰的南美洲及歐亞大陸影響，而歐亞大陸的影響又特別深。

舉例來說，北美洲幾乎看不到分布於南美的脂鯉目魚類，卻可看見分布於歐亞大陸的鯉科魚類及亞口魚科魚類。

推測應該是非洲的鯉科魚類經由東亞跨越了阿留申海溝來到北美，當時入侵的物種較多

〔MAP〕

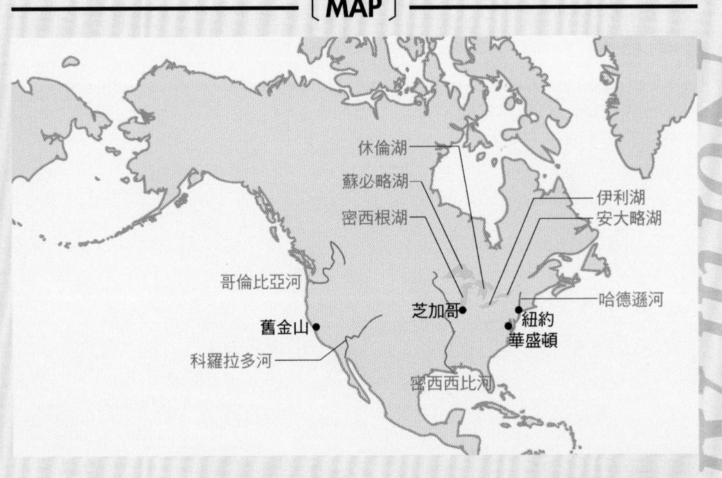

護卵的藍鰓太陽魚
（滋賀縣琵琶湖）

為冷水性的雅羅魚亞科，牠們入侵北美之後就孕育出更多形態多樣的物種。此外，由於亞口魚類佔據了東亞常見的鯉亞科、鮈亞科的生態棲位，因而出現收斂的趨同模式，產生了形態類似鯉亞科及鮈亞科的魚類。

說到生態棲位，除了上述的物種外，南美大陸有許多分布的麗魚科魚類在北美也看不到，取而代之的是棘臀魚科魚類；東亞常見的淡水性鰕虎魚類這在裡也不多，反而較多鏢鱸類。以上兩類各自佔據了部分北美的生態棲位。

而從北美洲與歐亞大陸的共通點來看，同樣可以看見分布於北極圈邊緣的狗魚（*Esox*）及江鱈（*Lota lota*）。

雖然生態構造和其他地區的物種相同，但是又能取代其他分類群組的地位，從這個視角來觀察的話，會發現北美洲的魚類也是非常有魅力又有趣的。

鱘形目鱘科

高首鱘 *Acipenser transmontanus* Richardson, 1836

分布：阿拉斯加灣～加州灣蒙特雷為止的北美大陸

體長：通常為1.6m（最大為6m）

解說：底棲性的本種棲息於緩流的河川、河灣、汽水域中。大多數的個體在成魚階段都會生活在汽水域，不過其中也有陸封型的個體群。春天會溯河而上進行產卵。以魚類、水生昆蟲、甲殼類、貝類為食，屬於肉食性。

鱘形目匙吻鱘科

匙吻鱘 *Polyodon spathula*（Walbaum, 1792）

分布：密西西比河特有種。現在經移殖亦分布於北美其他地區

體長：通常為1.2m（最大為2.2m）

解說：本屬包含2個物種，北美洲只有本種分布。飯匙狀突出的吻部為其特徵。主要棲息於大型河川及湖泊中，可以張大嘴巴吞食過濾浮游動物。春天時，會在因溶雪而水量增加的河川中逆流而上，在砂礫底河床進行產卵。因為環境惡化、河川整治、濫捕等因素造成個體數大幅銳減，目前除了是華盛頓公約管制國際交易的對象外，在紅皮書名錄上也屬於易危（VU）物種。

雀鱔目雀鱔科

骨雀鱔 *Lepisosteus osseus*（Linnaeus, 1758）

分布：魁北克州～墨西哥北部

體長：1.5～2m

解說：棲息於緩流的大型河川及湖沼、水壩等處。以魚類、甲殼類等為食，屬於肉食性。雖然也是釣魚活動的捕捉對象，但是在許多地區都被當作是會吃掉其他漁獲的害魚。在生態系中是重要的頂層掠食者。非食用魚類，且魚卵具有毒性。

雀鱔目雀鱔科

眼斑雀鱔 *Lepisosteus oculatus* Winchell, 1864

分布：伊利湖、密西根湖、包括密西西比河流域在內的佛羅里達～墨西哥中部的墨西哥灣沿岸

體長：1～1.5m

解說：棲息於水流緩和，水質相對清澈的河川及湖沼中。以魚類、甲殼類等為食，屬於肉食性。產卵期為春天，會在水草茂盛的淺水處進行產卵。雀鱔類孵化的仔魚吻部具有附著器官，牠們會利用這個器官吸附在水草上。身上從背面到腹側面有許多深色斑點，這也是牠的名稱由來。

雀鱔目雀鱔科

紡錘骨雀鱔 *Atractosteus spatula*（Lacepède, 1803）

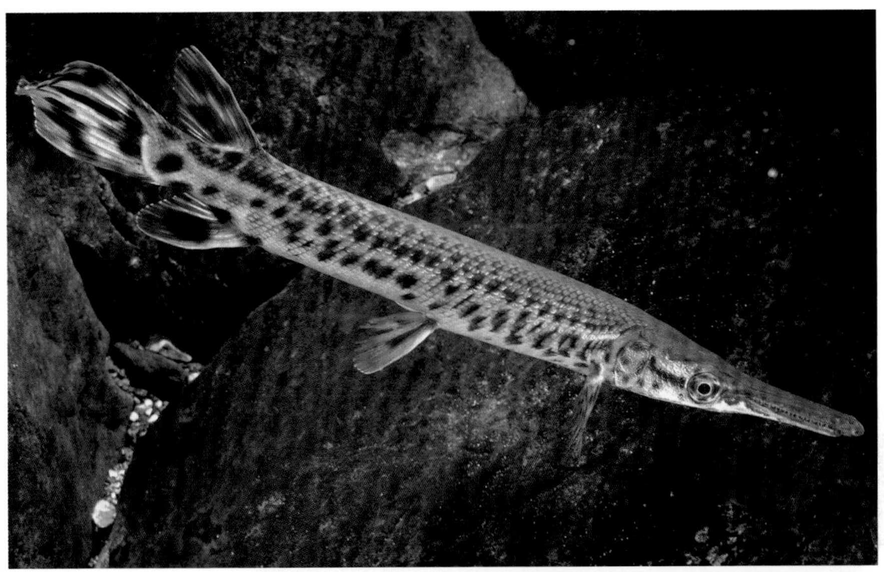

分布：俄亥俄河、包含密西西比河在內的佛羅里達西部～墨西哥的維拉克斯為止的墨西哥灣沿岸平原

體長：2～3m

解說：棲息於混濁的河川及湖沼中，有時會入侵汽水域。以魚類、甲殼類、烏龜、水鳥等為食，是凶猛的肉食性魚類。雀鱔類的魚鰾兼具肺部的功能，在溶氧量低的水域中也能進行空氣呼吸和活動。在日本各地都有本種的目擊報告，因為對原生種可能帶來負面影響，因此在2018年被列為特定外來物種。

弓鰭魚目弓鰭魚科

弓鰭魚 *Amia calva* Linnaeus, 1766

分布：魁北克～佛羅里達以東，五大湖～德州以西

體長：60～90㎝

解說：棲息於水生植物茂盛，水流近乎靜止的小河及池沼湖泊中。由於魚鰾的血管很發達，可以進行空氣呼吸，使其能在溶氧量較低的水域中也能生存。以魚類、兩棲類、甲殼類、水生昆蟲等為食，屬於肉食性。身上的花紋有雌雄之分，尾鰭基部的背部側有一個深色斑點的為雄魚。進入春天的產卵期時，雄魚會移動至淺水處築巢，讓雌魚來產卵。產卵後雄魚會負責護卵。

鯉形目鯉科雅羅魚亞科

南方紅腹魚 *Chrosomus erythrogaster*（Rafinesque, 1820）

分布：紐約州西部～明尼蘇達、奧克拉荷馬、阿肯瑟州、阿拉巴馬等地區

體長：6㎝

解說：本屬包含7個物種。本種在日本從很久以前就是人們熟知的觀賞魚。棲息於水流清澈的流動河川上游流域。以小型無脊椎動物及藻類為食，屬於雜食性。產卵期在春末～初夏，和日本的珠星三塊魚（*Tribolodon hakonensis*）一樣有群游習性，並且會在砂礫底河床產卵。不耐環境汙染，是種有助於判斷環境狀況的指標性生物。

鯉形目鯉科雅羅魚亞科

斜口鱥魚 *Clinostomus elongatus*（Kirtland, 1840）

分布：薩斯奎哈納河流域、蘇必略湖以外的五大湖、密西西比河流域西北部

體長：8㎝

解說：本屬包含2個物種。棲息於水流清澈，水流緩和的岩石或砂礫底河川上游。主要以昆蟲為食。產卵期在春末，水溫達18℃時會開始進行。雄魚有領域性，會讓雌魚進入自己的地盤產卵。在分布地區中，因為人類活動造成棲地環境惡化，有保育的必要。

鯉形目鯉科雅羅魚亞科

盧倫真小鯉 *Cyprinella lutrensis*（Baird & Girard, 1853）

分布：自然分布於密西西比河流域。現在移入北美其他地區

體長：4～8㎝

解說：本屬在北美大陸有32個有效物種組成的群組，本種從以前開始在日本就是著名的觀賞魚類之一。主要棲息於砂礫底的緩流河川及湖泊中。產卵期大約始於春季，會產卵在砂礫中，雄魚有護卵習性。本種可作為釣餌，推測這可能是牠廣泛分布於美國其他地區的原因。被其入侵的地區衍生出本土的同屬魚類與其雜交的問題。

鯉形目鯉科雅羅魚亞科

赤黑真小鯉 *Cyprinella pyrrhomelas*（Cope, 1870）

分布：北卡羅萊納州及南卡羅萊納州的匹迪河流域和山提河流域。經移殖亦分布於喬治亞州

體長：10㎝

解說：棲息於水質清澈的緩流中～小型河川的淺水處。雄魚的婚姻色為體側灰色帶點水藍色，吻端為紅色，尾鰭基部附近的邊緣也帶點紅色，往後會再變黑，尾端有白邊。胸鰭、腹鰭、臀鰭皆為白色，背鰭邊緣是白色的。

鯉形目鯉科雅羅魚亞科

紅鰭美洲石鱥 *Lythrurus fasciolaris*（Gilbert, 1891）

分布：美國東部俄亥俄河流域

體長：8㎝

解說：本屬在北美大陸有11個有效種。棲息於水流清澈和緩的岩石及砂礫底河川上游。主要以昆蟲為食。產卵期為春末～夏季之間，會在砂礫底河床產卵。產卵時會利用其他大型鱥魚的產卵床。

鯉形目鯉科雅羅魚亞科

紅唇美洲鱥 *Notropis chiliticus*（Cope, 1870）

分布：流經北卡羅萊納州、南卡羅萊納州、維吉尼亞州的羅阿諾克河及匹迪河

體長：5㎝

解說：本屬在北美大陸有90個有效種，是非常龐大的群組。棲息在水質清澈的砂礫底小河中，特別喜歡冷水環境。產卵期在5月，會在小頭美鱥（*Nocomis leptocephalus*）的產卵床產卵。

鯉形目鯉科雅羅魚亞科

虹美洲鱥 *Notropis chrosomus*（Jordan, 1877）

分布：阿拉巴馬州南部的莫比爾河流域

體長：6㎝

解說：棲息於水質清澈的砂礫底小河中。產卵期為5～6月，會在小頭美鱥（*Nocomis leptocephalus*）及曲口魚屬（*Campostoma*）等魚類的產卵床產卵。種名*chrosomus*為「彩色身體」的意思，婚姻色非常美麗。

鯉形目鯉科雅羅魚亞科

黃鰭美洲鱥 *Notropis lutipinnis*（Jordan & Brayton, 1878）

分布：北卡羅萊納州、南卡羅萊納州、喬治亞州

體長：6㎝

解說：棲息於森林中岩石多且水質清澈的流動小河中。喜歡有植物覆蓋在河面的地點。以水生昆蟲及降落昆蟲、小型甲殼類、藻類等為食，屬於雜食性。本種會托卵寄生於小頭美鱥（*Nocomis leptocephalus*）的產卵床中。容易飼養，適合初學者。

鯉形目鯉科雅羅魚亞科

胖頭鱥 *Pimephales promelas* Rafinesque, 1820

色彩變異個體

分布：墨西哥北部～大奴湖為止的美國中～東部。經移殖亦分布於北美洲的太平洋及大西洋沿岸

體長：8㎝

解說：主要棲息於水草茂盛的河川及湖泊、濕地等處，可以適應低溶氧的環境。主要以水生昆蟲、甲殼類、浮游動物等為食。產卵期在5月中旬～8月上旬，雄魚會製作產卵床，邀請雌魚產下黏性卵後，進行護卵。一季會分數次產下200～500個沉水黏性卵。為環境指標生物。「胖頭鱥」的名稱由來是源於產卵期的雄魚頭部。已知有黃化的個體存在。

鯉形目鯉科雅羅魚亞科

斯通氏鰭美洲鱥 *Pteronotropis stonei*（Fowler, 1921）

分布：匹迪河水系～莎提拉河水系為止的南卡羅萊納州及喬治亞州

體長：6㎝

解說：棲息於水草茂密，水質清澈的河川，或是淡水沼澤的砂礫底中～小型河川中。喜歡稍微有點流速的地點。關於本種的情報不多，餌食推測與同屬的別種魚類一樣，應該是以水生昆蟲、甲殼類、浮游動物為食。本屬中有些物種會產卵在棘臀魚類的產卵床中，推測是利用棘臀魚類的護卵習性，藉機保護自己的卵。

鯉形目亞口魚科

北方黑豬魚 *Hypentelium nigricans*（Lesueur, 1817）

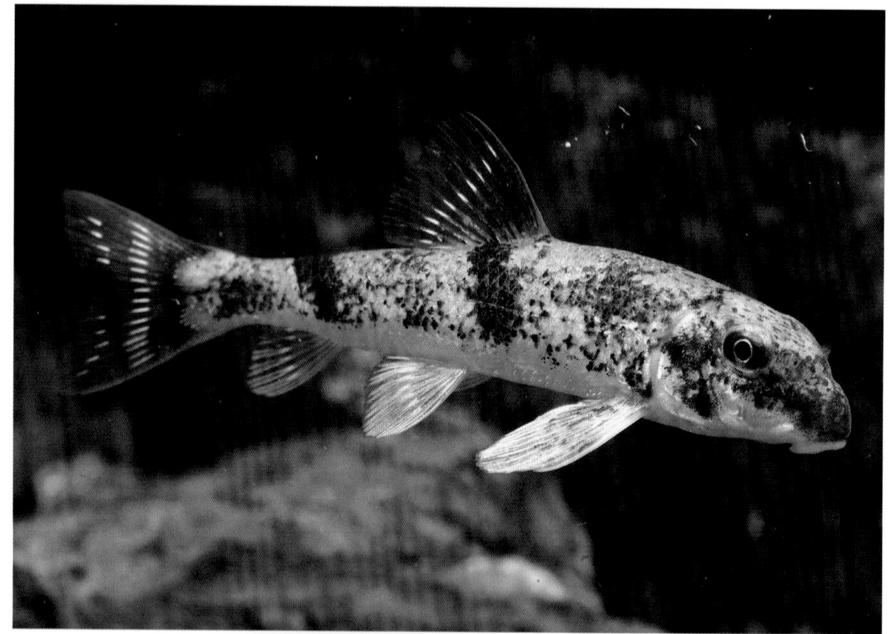

分布：密西西比河中～上游流域等美國東部

體長：通常28㎝（最大55㎝）

解說：棲息於水質清澈的砂礫及礫石底流動河川及湖泊中。底棲性，以水草、藻類、小型甲殼類、水生昆蟲及貝類等為食，屬於雜食性。在春季產卵期間會往小河移動，在淺水處的水草及砂礫底河床像播種般產下無黏性卵。生態棲位類似日本的鮈魚類。

鯉形目亞口魚科

小口牛胭脂魚 *Ictiobus bubalus*（Rafinesque, 1818）

分布：密西西比河等由墨西哥灣北岸入海的河川

體長：通常為55㎝（最大1m）

解說：棲息於流動的河川及湖沼中，特別喜歡水草茂密的砂礫底河床處。底棲性，以水草、藻類、小型甲殼類、水生昆蟲及貝類等為食，屬於雜食性。產卵期為3～9月，春天為高峰期，會產卵在河川淺水處的水草及砂礫底河床。具食用價值。名稱中有牛這個字是因為，體型變大時背部會隆起。照片中的個體為幼魚。

鯰形目鮰科

小刺石鮰 *Noturus leptacanthus* Jordan, 1877

分布：美國東南部

體長：8㎝

解說：棲息於流動的砂礫及礫石底中～小型河川中。夜行性，白天會躲在岩石、流木、水草底下。在水溫超過18℃的春～夏季產卵期間會產下卵塊。產卵後，雄魚會保護魚卵及仔稚魚。雌魚偶爾也會有短期的護幼行為。壽命不長，大多數雌魚經歷過一次產卵期後便會死亡。

鯰形目鮰科

鋸鮰 *Pylodictis olivaris*（Rafinesque, 1818）

分布：墨西哥東北部～美國東南部

體長：1.5m

解說：棲息於緩流河川的水質混濁處及湖泊的漂流木底下。稚魚以水生昆蟲及小型甲殼類為食，成魚則是以魚類及螯蝦為食。產卵時會在岩石裂縫及漂流木之間進行，不過關於產卵行為還有許多未知的部分。本種為單型種，屬名為希臘文的泥巴（pylos）及魚（ichthys）的意思。

鮭形目鮭科

銀鈎吻鮭 *Oncorhynchus kisutch*（Walbaum, 1792）

分布：經沿海州～千島群島到美國加州為止的北太平洋

體長：60㎝

解說：屬於溯河型魚類，在10～2月產卵期間會溯河而上，到上游的細流處產卵。孵化後會在河川中生活1～2年才回到海中。在河川中的幼魚主要以水生昆蟲為食，出海後主要以烏賊及魚類為食。在日本的宮城縣志津川灣還有其他地方都有進行養殖。

鮭形目鮭科

虹鱒 *Oncorhynchus mykiss*（Walbaum, 1792）

分布：自然分布於堪察加半島～阿拉斯加至墨西哥北部為止的北美大陸西岸。經移殖亦分布於日本等世界各地

體長：通常為40㎝（最大1m）

解說：棲息於溶氧量豐富的冷水河川及湖沼中。喜歡15℃左右的水溫，即使在夏天也不會進入超過25℃的水域。是漁業的捕撈對象，不只在北半球，亦有移殖至南半球。北半球的產卵期為11～5月，南半球則為8～11月。以甲殼類及魚類為食，屬於肉食性。大部分為陸封型，不過也有少數降海產卵洄遊性。

鮭形目鮭科

紅鉤吻鮭 *Oncorhynchus nerka*（Walbaum, 1792）

分布：北海道～經勘察加半島至加州的北美大陸西岸。經移殖亦分布於歐洲及紐西蘭

體長：通常為40cm（最大70cm）

解說：喜歡非常深的深水水域，最深可達250m。以浮游動物及魚類等為食，屬於肉食性。日本稱陸封型為姬鱒，降海產卵洄遊性為紅鮭。近年來，在日本的山梨縣西湖發現了與本種十分相似且被認為已滅絕的近緣物種秋田鉤吻鮭（*O. kawamurae*），一時蔚為話題。

鮭形目鮭科

美洲紅點鮭 *Salvelinus fontinalis*（Mitchill, 1814）

分布：自然分布於加拿大～美國。經移殖亦分布於日本等世界各地

體長：通常為20cm（最大70cm）

解說：棲息於溶氧量豐富的冷水河川及湖沼中。以甲殼類、昆蟲及魚類等為食，屬於肉食性。產卵期為11～12月，會在緩流河川及湖泊的淺水處進行。分為陸封型及降海產卵洄遊性。又稱為河鱒。種名*fontinalis*為泉水的意思，因為喜歡在水質清澈的地點生活。

狗魚目蔭魚科

林氏蔭魚 *Umbra limi*（Kirtland, 1840）

分布：五大湖、聖羅倫斯河水系及密西西比河流域等加拿大東南部及美國東北部

體長：通常為7㎝（最大12㎝）

解說：棲息於水草茂盛的緩流泥底河川及湖沼中。可適應低溶氧量的水域。以甲殼類及水性昆蟲、貝類等為食，屬於肉食性。本種分布於北美的中～東部，和分布於西部的矮蔭魚（*U. pygmaea*）以不同稱呼做區別。

狗魚目蔭魚科

矮蔭魚 *Umbra pygmaea*（DeKay, 1842）

分布：紐約西南部～佛羅里達半島周邊為止的大西洋沿岸

體長：11～14㎝

解說：本屬包含3個物種，只有蔭魚（*U. krameri*）分布於歐洲。本種的特徵為體側有一條亮色縱條，以及腹側的暗褐色。棲息於多草的低地靜止水域淺水處，以小型水生昆蟲、甲殼類、貝類等為食，屬於肉食性。產卵期在4～5月，於水溫10～15℃時期進行產卵。產卵後，雌雄魚都會護卵。在實驗下，可以飼養在pH4的水中，似乎可以適應酸化的水質。

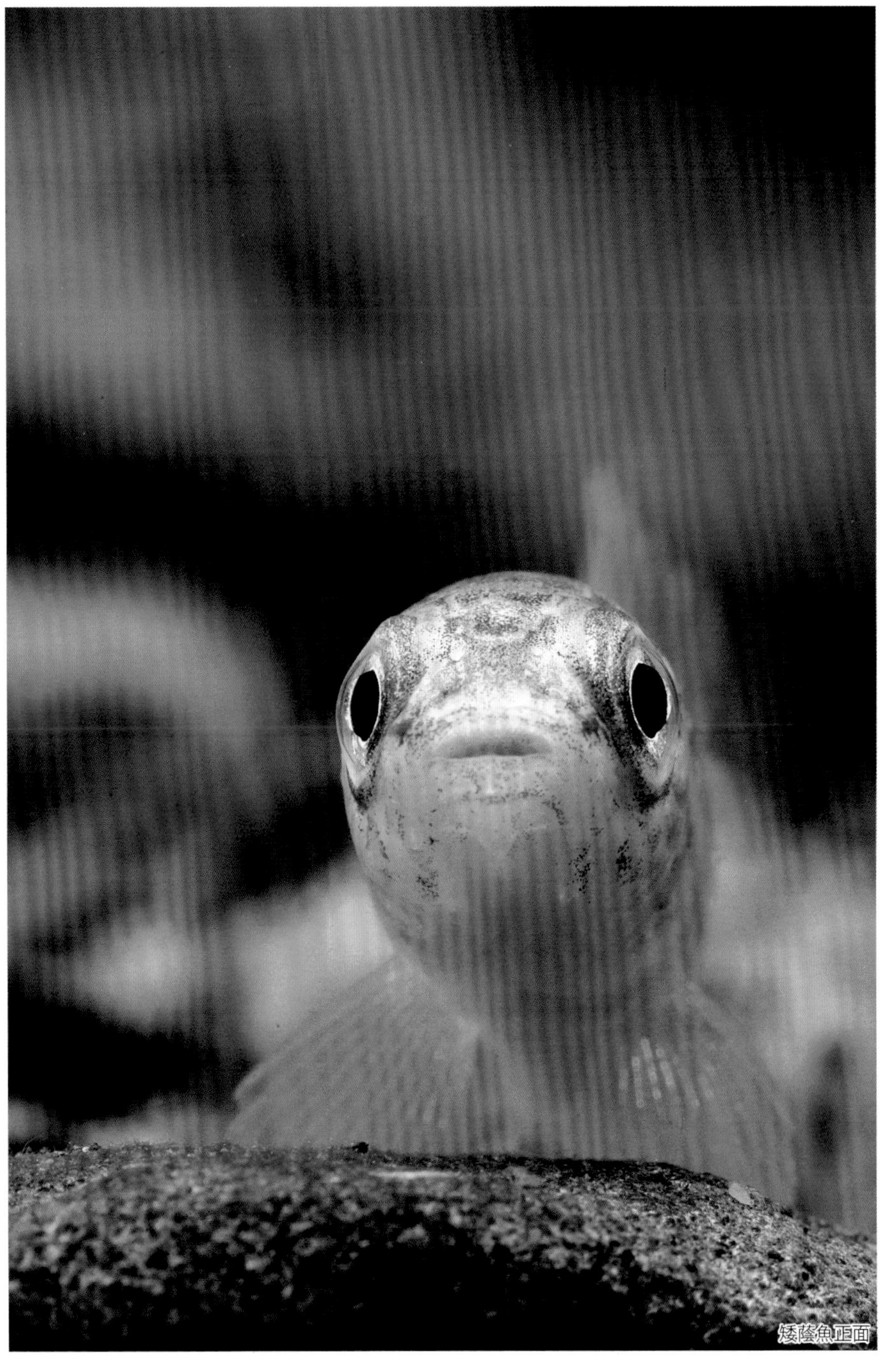

矮蔭魚正面

鮭鱸目鮭鱸科

加拿大鮭鱸 *Percopsis omiscomaycus*（Walbaum, 1792）

分布：阿拉斯加～經加拿大美國北部

體長：通常為7cm（最大18cm）

解說：已知在北美大陸有1屬2種。棲息於砂底河川及湖沼。以甲殼類及水生昆蟲等為食，屬於肉食性。白天在深水域，夜晚則移動到淺水處。在5～8月產卵期間會在淺水處產卵。被當作釣餌。日文名稱是由英文直譯，稱作鮭鱸。

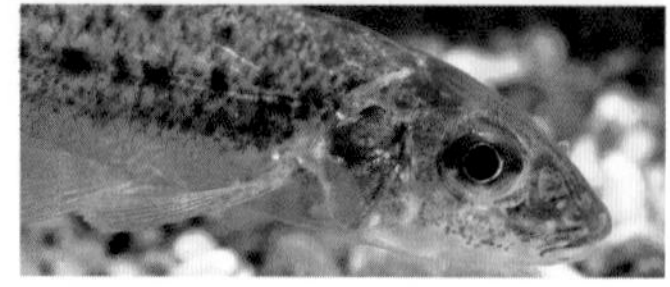

鮭鱸目胸肛魚科

北大西洋胸肛魚 *Aphredoderus sayanus*（Gilliams, 1824）

分布：紐約州～德州的布拉索斯河流域為止的美國東海岸及密西根湖以南

體長：10cm

解說：棲息於漂流木等堆積的泥底湖沼及河川中。以水生昆蟲、小型甲殼類、小魚為食，屬於肉食性。夜行性，白天會躲在漂流木及水草底下，入夜後會開始覓食，進行活動。在春季的產卵期間，雌魚會產卵在植物根部附近，產卵後雌雄魚都會護卵。成魚的洩殖腔位於喉嚨後方。在日本是以英文名直譯，稱為海盜鱸魚。

鱈形目江鱈科

江鱈 *Lota lota*（Linnaeus, 1758）

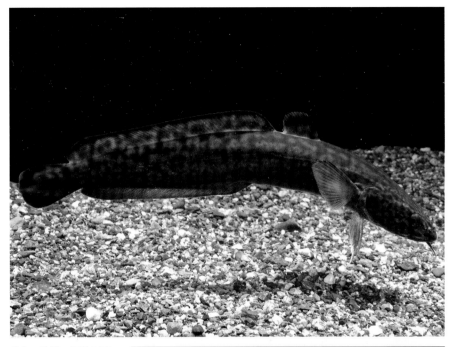

分布：歐洲、西伯利亞、北美

體長：1m

解說：在北美大陸分布於阿拉斯加經加拿大的美國北部。1930～1960年代，因為環境汙染等因素，數量在五大湖中銳減，現在被認為是必須保護的魚類。近年來，因為基因上的差異，也有人主張歐亞大陸及阿拉斯加的群組分類為*L. l. lota*，其餘北美大陸的群組則為*L. l. maculosa*。

鱂形目底鱂科

藍鰭盧氏鱂 *Lucania goodei* Jordan, 1880

分布：佛羅里達半島及其周邊。經移殖亦分布南卡羅萊納州及加州

體長：3㎝

解說：棲息於水草繁茂的湖泊及池沼中，耐鹽分。產卵期在1月下旬～9月中旬，在佛羅里達半島南部經年都會產卵。會產卵在水草中，產卵後，雄魚有護卵的習性。本屬在美國北部～中央包含3個物種。

鱂形目花鱂科

食蚊魚（大肚魚） *Gambusia affinis*（Baird & Girard, 1853）

國內歸化個體

分布：自然分布於美國的密西西比河流域～墨西哥為止的墨西哥灣岸地區。亦移殖至世界各地

體長：3～5㎝

解說：主要棲息於靜止水域，耐鹽分。主要以浮游動物及水生昆蟲為食，產卵期在3～10月。卵胎生，繁殖力強，對當地原生物種的帶來不小的負面影響，因此在2006年被指定為特定外來生物。在日本，本屬最為人所知的只有食蚊魚，但是這其實是個包含40個物種以上的大群組。

鱂形目花鱂科

美麗異小鱂 *Heterandria formosa* Girard, 1859

雄性成魚

雌性成魚

分布：北卡羅萊納州～路易斯安那州

體長：3㎝

解說：棲息於水草茂盛的緩流水域中，比起淡水更喜歡汽水域。如同牠的日文名稱侏儒食蚊魚一樣，主要是以孑孓及赤蟲等動物為食。為卵胎生的鱂科魚類。特徵為身上的橫向縱紋及背鰭和臀鰭根部的黑斑。

刺魚目棘背魚科

八棘多刺魚 *Pungitius pungitius*（Linnaeus, 1758）

分布：歐洲、北美大陸、東亞的北半球北部

體長：6㎝

解說：棲息於緩流小河、池沼及汽水域中。主要以水生昆蟲等為食。在春季產卵期間，汽水域中的個體群會移動至淡水域產卵。和日本的個體群一樣，雄魚會利用水草的碎片築巢，雌魚在其中產卵後，雄魚會保護魚卵。

鱸形目杜父魚科

巴氏杜父魚 *Cottus bairdii*（Girard, 1850）

分布：加拿大、美國東部及西部

體長：13㎝

解說：棲息於砂礫底河川及湖泊中。以水生昆蟲、卷貝、魚卵、魚類等為食，屬於肉食性。在4～5月產卵期間會在岩石及出水植物底下產卵。產卵後雄魚會將雌魚趕走，由雄魚負責保護魚卵。在北美大陸個體數多，是一般常見的魚類。

鱸形目小日鱸科

黑斑小日鱸 *Elassoma evergladei* Jordan, 1884

分布：佛羅里達半島及其周邊

體長：2㎝

解說：主要棲息於低地，水草豐富的緩流河川及溝渠、湖沼中。以水生昆蟲及甲殼類等為食。產卵期為春季3～4月。雄魚會跳著名的求偶舞，在雌魚面前扭動身軀引起注意，接受求愛的雌魚就會在金魚藻屬（*Ceratophyllum*）等水草間產下40～60顆左右的黏性卵。雄魚排出精子後會將雌魚趕走，獨自保護魚卵。卵在大約26℃的環境，65小時左右會孵化。為美國大陸的特有種，已知有7種。

鱸形目棘臀魚科

藍點九棘日鱸 *Enneacanthus gloriosus*（Holbrook, 1855）

分布：紐約州～密西西比州為止的美國東岸

體長：6㎝

解說：棲息於有水草的緩流河川、溝渠及池沼、湖泊中。有入侵低鹽分濃度汽水域的紀錄。以水生昆蟲、甲殼類等為食，屬於動物食性。在4～9月產卵期間會產卵在礫石底河床，由雄魚負責護卵。本屬在棘臀魚科之中屬於小型的群組，已知有3種。

鱸形目棘臀魚科

紅胸太陽魚 *Lepomis auritus*（Linnaeus, 1758）

分布：緬因州～佛羅里達州為止的北美東岸

體長：通常為9㎝（最大28㎝）

解說：主要棲息於水草豐富的砂礫底緩流河川中。以水生昆蟲及甲殼類等為食。在水溫超過16℃的春季會移動至水深1.2m為止的淺水處，由雄魚築巢後進行產卵。產卵期間雄魚的腹側從喉部至肛門會變成紅色，因此稱作紅胸太陽魚。對於入侵地區的生態系有極大的負面影響。

鱸形目棘臀魚科

藍鰓太陽魚 *Lepomis macrochirus* Rafinesque, 1819

分布：魁北克～北墨西哥為止的五大湖・聖羅倫斯河水系及密西西比河流域。經移殖亦分布至世界各地

體長：18～38㎝

解說：棲息於緩流河川及溝渠、湖沼中，喜歡出水植物茂密的地點。以水生昆蟲、甲殼類、貝類、小魚、藻類等為食，屬於雜食性。在春～晚夏的產卵期間會往淺水處的礫石底河床處移動。進行繁殖行動的雄魚包含兩個類型，一種是具領域性，會自行築巢吸引雌魚來產卵的雄魚；另一種則是等雌魚產卵時從旁伺機搶先排出精液的雄魚。雄魚會吸引雌魚到磨缽狀的巢中產卵。產卵後雄魚會負責護卵。本種壽命約10年左右。移殖分布地區的生態系都受到極大的負面影響，造成全球性的問題。在日本也被列為特定外來生物。*Lepomis* 為希臘語「被鱗的鰓蓋」的意思。照片全是在琵琶湖拍攝的。

保護魚卵的親魚

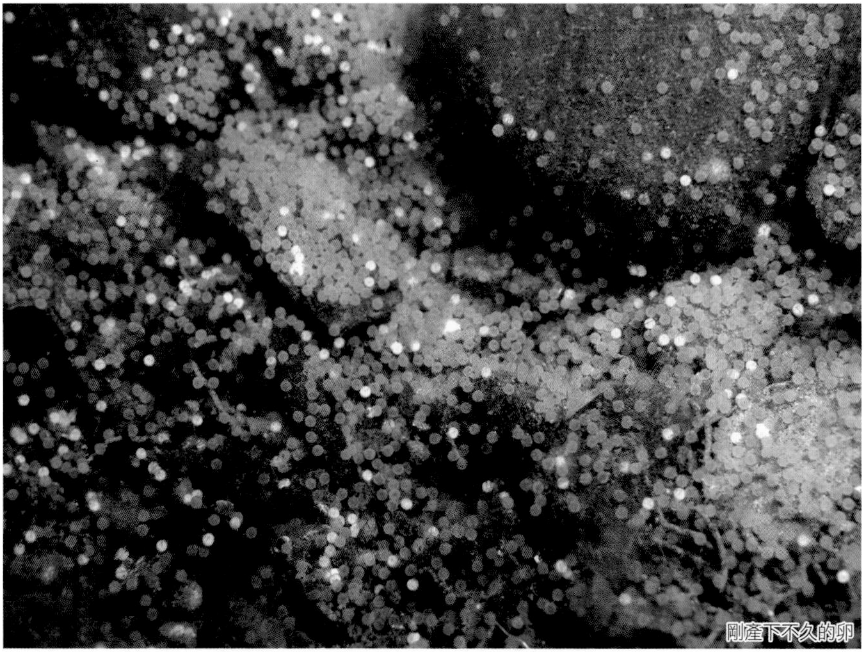

剛產下不久的卵

剛孵化的仔魚

鱸形目棘臀魚科

駝背太陽魚 *Lepomis gibbosus*（Linnaeus, 1758）

分布：加拿大的新伯倫瑞克州～美國南卡羅萊納州為止的北美東部。經移殖分布於美國其他地區及歐洲

體長：10～35㎝

解說：棲息於有水草的緩流河川、溝渠及池沼、湖泊中。以水生昆蟲、甲殼類、小魚等為食，屬於肉食性。可適應鹽分2%左右的環境。在春季會移動至淺水處的礫石底河床處，雄魚會築巢讓雌魚產卵，產卵後由雄魚負責護卵。對入侵地區的生態系帶來極大的負面影響。

鱸形目棘臀魚科

小口黑鱸 *Micropterus dolomieu* Lacepède, 1802

國內歸化個體

分布：加拿大東南部～美國東部。經移殖分布至世界各地

體長：50㎝

解說：棲息於流動的河川中。以水生昆蟲、甲殼類、貝類、小魚等為食，屬於肉食性。在春季會移動至淺水處的礫石底河床處，雄魚會築巢讓雌魚產卵，產卵後由雄魚負責護卵。在日本的長野縣、福島縣、栃木縣、山梨縣等處定著，於2005年被列為特定外來物種。

鱸形目棘臀魚科

大口黑鱸 *Micropterus salmoides*（Lacepède 1802）

分布：加拿大東南部～美國東部。經移殖分布至世界各地

體長：50㎝

解說：棲息於流速極緩的河川、溝渠、湖沼中，和小口黑鱸（*M. dolomieu*）相比，更常在靜止水域中活動。以水生昆蟲、甲殼類、貝類、小魚等為食，屬於肉食性。在春季會移動至淺水處的礫石底河床處築巢產卵。產卵後，雄魚會保護魚卵及仔稚魚。據說壽命最長可達16年左右。在佛羅里達半島分布了與本種十分相似的佛羅里達黑鱸（*M. floridanus*），本種的側線鱗列數為59～65，而佛羅里達黑鱸的為69～73。有些研究者會將佛羅里達黑鱸視作大口黑鱸的亞種。在全世界都是種受歡迎的遊釣魚類，但是因為放流對生態系帶來極大的負面影響，因此，英國及韓國都禁止攜帶活體入境，在日本也依外來生物法將其列為特定外來生物。

保護魚卵的親魚

剛產下不久的卵

剛孵化的仔魚

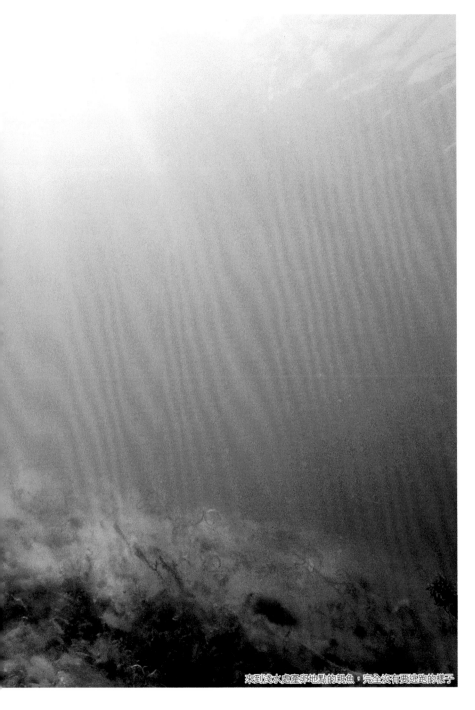

來到淺水處產卵地點的親魚，完全沒有要逃跑的樣子

20㎝左右的個體在漁港群游

從後方偷偷靠近魚卵的我被瞪了

使用魚鰭對魚卵送上新鮮的水

在築巢產卵的地點周圍游動，查看是否有入侵者

在攝影師頭上悠然游過

鱸形目鱸科

似鯯鏢鱸 *Etheostoma blennioides* Rafinesque, 1819

分布：包含田納西河在內的俄亥俄河流域、密蘇里河流域、沃希托河流域

體長：5㎝

解說：棲息於流速稍快的礫石及岩石底質的中～小型河川中。以水生昆蟲及小型甲殼類等為食，屬於肉食性。在2～5月產卵期會在礫石及藻類之間產卵。成魚的各個魚鰭都會變成綠色，體側有5～8條綠色橫紋。種名「*blennioides*」的意思為「似鯯鳚般的」。

鱸形目鱸科

藍鏢鱸 *Etheostoma caeruleum* Storer, 1845

分布：密西西比河上游及蘇必略湖以外的五大湖流域

體長：5㎝

解說：棲息於水流清澈的礫石及岩石底質中～小型河川中。以水生昆蟲及小型甲殼類等為食，屬於肉食性。在3～6月產卵期間會在礫石與藻類之間產卵。種名「*caeruleum*」為拉丁文「綠色」的意思。

鱸形目鱸科

藍胸鏢鱸 *Etheostoma camurum*（Cope, 1870）

分布：俄亥俄河流域、坎伯蘭河流域、田納西河流域等

體長：4㎝

解說：棲息於水流清澈流速較快的礫石及岩石底質中～小型河川中。在田納西河中，5～8月產卵期間會在砂礫底河床產卵，由雄魚護卵。

鱸形目鱸科

黑體鏢鱸 *Etheostoma nigrum* Rafinesque, 1820

分布：五大湖・聖羅倫斯河水系及流入哈德遜河灣的河川～阿拉巴馬為止的美國東部

體長：3.5㎝

解說：棲息於水流清澈流速較慢的礫石及岩石底質中～小型河川及湖泊沿岸。以水生昆蟲及小型甲殼類等為食，屬於肉食性。在3～6月左右的產卵期間會在岩石下方產下卵塊，產卵後由雄魚護卵。在本屬中是分布區域最廣泛的物種。

鱸形目鱸科

橙腹鏢鱸 *Etheostoma radiosum*（Hubbs & Black, 1941）

分布：阿肯薩斯州西南部及奧克拉荷馬州東南部的沃希托河流域及雷德河流域

體長：4㎝

解說：棲息於水流較快的礫石及岩石底質中～小型河川。在春～初夏季節會在砂礫底河床產卵。鏢鱸類在日本是會侵占鰕虎類及杜父魚類生態棲位的群組，是北美大陸的底棲性魚類。

鱸形目鱸科

橙胸鏢鱸 *Etheostoma spectabile*（Agassiz, 1854）

分布：密西根州東南部及俄亥俄州～東部懷俄明州至密西西比河流域與伊利湖流域

體長：4㎝

解說：棲息於淺水的礫石及岩石底質小型河川中。以水生昆蟲及小型甲殼類等為食，屬於肉食性。產卵期從3月中～下旬開始，會在砂礫底河床產卵。孵化後，仔魚會移動到小口黑鱸的產卵床附近，藉以抵禦外敵。

鱸形目鱸科

雜色鏢鱸 *Etheostoma variatum* Kirtland, 1840

分布：俄亥俄河中～上游

體長：10㎝

解說：在本屬中屬於大型物種。棲息於水質清澈，混著砂的礫岩底質中～小型河川中。以水生昆蟲及小型甲殼類等為食，屬於肉食性。在4～5月產卵期間會在砂礫底河床進行產卵。產卵後沒有護卵的行為。

鱸形目鱸科

黑帶小鱸 *Percina nigrofasciata*（Agassiz, 1854）

分布：密西西比州、阿拉巴馬州、喬治亞州、佛羅里達州等北美東南部

體長：9㎝

解說：大多棲息於水質清澈，水草多的中～小型砂礫底質河川中，不過在混濁的泥沙底質環境中也能看到。以小型甲殼類及水生昆蟲為食。2～6月左右會在砂礫底河床產卵，親魚不會護卵。

鱸形目鱸科

玻璃梭吻鱸 *Sander vitreus*（Mitchill, 1818）

分布：加拿大、美國北部。經移殖亦分布於阿拉巴馬州等美國南部地區

體長：通常為50㎝（最大1m）

解說：本屬中已知有5種（歐亞大陸3種，北美2種）。本種為北美的鱸科魚類中體型最大的種類。棲息於緩流河川、湖沼、蓄水池等大塊礫石底環境中。性格兇猛，魚類、兩棲類、甲殼類等只要入口就都會吃下肚，屬於肉食性。是種熱門的釣遊魚種。產卵期在春天，冬末春初這段時間就會開始往小河移動，在淺水的礫石底河床上像播種般產下魚卵，親魚和黑鱸一樣會保護魚卵及仔稚魚。

鰕虎目鰕虎科

褶鰭深鰕虎 *Bathygobius soporator*（Valenciennes, 1837）

分布：墨西哥灣沿岸

體長：14㎝

解說：本種主要棲息於沿岸的潮池及紅樹林、藻場等處，但是也會入侵淡水域及汽水域。和日本沿岸常見的褐深鰕虎為同屬，本屬從太平洋至大西洋皆有分布，範圍非常廣泛。十分耐鹽分，在鹽分濃度0～3.9％的環境中也能看見牠的身影。體色因環境而異。如同其名稱一般，是種魚鰭有褶飾般邊緣的鰕虎魚，進口日本時是以蜘蛛鰕虎這個名稱流通於市面，因為深鰕虎屬（*Bathygobius*）在日文中就稱作蜘蛛鰕虎。

鰕虎目鰕虎科

鯉形冠鰕虎 *Lophogobius cyprinoides*（Pallas, 1770）

分布：墨西哥灣及加勒比海沿岸地區

體長：9㎝

解說：本種為淺海性魚類，主要棲息於潮口及紅樹林的潮間帶，耐鹽分，在鹽分濃度0～3.9%的環境中也能看見牠的身影。以小型甲殼類、貝類、水生昆蟲、藻類等為食，屬於雜食性。雌魚較早成熟，沒有特別的產卵期，經年都可進行繁殖。頭部具有雞冠般的構造，因此英文名稱又稱為crested（雞冠狀的）。

鰈形目無臂鰨科

斑點三鰭鰨 *Trinectes maculatus*（Bloch & Schneider, 1801）

分布：墨西哥灣岸～波士頓周邊的大西洋沿岸

體長：通常為10㎝（最大18㎝）

解說：本種通常棲息於水深75m左右的環境，不過有時候也會入侵淡水域，在平地，若沒有瀑布等障礙物，可以溯河近300㎞。棲息於沒有水草生長的泥沙底環境中，以小型甲殼類及水生昆蟲等為食，屬於肉食性。春天時會在汽水域進行產卵活動。英文名稱hogchoker的由來據說是因為豬（hog）會試圖去吃被打上岸的斑點三鰭鰨，但是因為鱗片非常堅硬，導致其窒息（choke）。

尖吻鱸

高體革鯻

墨瑞鱈

澳洲

位於南半球的澳洲是世界面積第六大的大陸，氣候帶涵括了熱帶至溫帶，變化豐富。澳洲大陸南部及西部等大部分區域都是沙漠，因此棲息於澳洲的300種淡水魚分布地區也有限。東南部有條國內最長的莫瑞河，與支流達令河匯流形成的莫瑞達令河水系占了澳洲國土的14%，從源頭到海中的距離達3,750km。

澳洲在生物地理分區中稱為澳新界，由於長期與其他大陸隔絕，所以有許多特有種，陸地上最著名的包括無尾熊（*Phascolarctos cinereus*）等有袋動物，魚類的種類也很豐富，其中的肺魚（*Neoceratodus forsteri*）雖然不是溫帶性魚類，但也很有名。澳洲淡水魚和其他章介紹的魚類有著很大的不同。其一是這裡的魚類大多是二度入侵內陸水域的魚種，例如澳洲鰻鯰（*Tandanus tandanus*）等鰻鯰科魚類及銀鋸眶鯻（*Bidyanus bidyanus*）等鯻科魚類。

說到日本人不熟悉的魚類，有南半球特有的南乳魚科（*Galaxias*）。這種魚類是與水珍

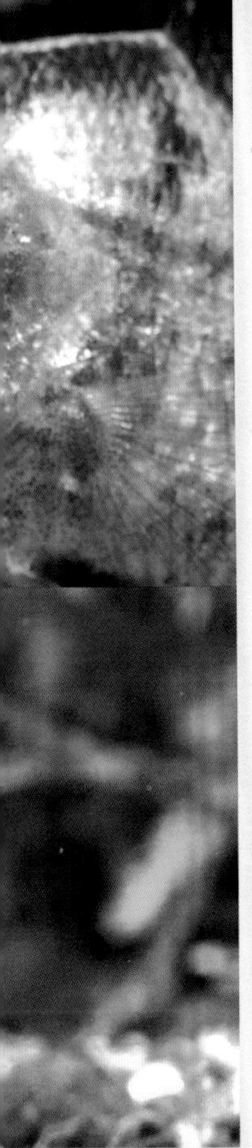

〔MAP〕

夏威夷海鰱

魚目及胡瓜魚目相近的冷水性魚類，多棲息於澳洲東南部及紐西蘭等高地。外觀方面，背鰭位置在身體後方，體型如同狗魚及鮭魚・鱒魚的合體，有著*Phoxinus lagowskii steindachneri*一般的體表，生態習性同鮭魚・鱒魚。

像這樣具有獨特生存環境的澳洲魚類，近年來因為國外外來物種的入侵而受到威脅。例如，剛剛提到的莫瑞達令河水系中存在著46種原生物種，其中也包括了日本也很有名的觀賞魚──墨瑞鱈（*Maccullochella peelii*），但是像鯉魚（*Cyprinus carpio*）、泥鰍（*Misgurnus anguillicaudatus*）、虹鱒（*Oncorhynchus mykiss*）、河鱸（*Perca fluviatilis*）等魚類由於各種原因被引進澳洲，不僅與原生物種競爭生態棲位，也帶來許多疾病，導致個體數急遽減少，對生態系造成影響。再加上水壩開發等人為因素，許多原生物種正面臨了滅絕危機。

海鰱目海鰱科

夏威夷海鰱 *Elops hawaiensis* Regan, 1909

分布：太平洋中～西部及東印度洋

體長：通常為50㎝
（最大1.2m）

解說：棲息於沿岸的珊瑚礁、海灣、生長紅樹林的汽水域等，特別在幼魚期常有入侵汽水域及低地的淡水域的情況。成魚的樣貌與鯉魚相似，和鰻形目魚類一樣會經歷全身透明的狹首魚期（leptocephalus stage），基因也與鰻形目魚類相近。在狹首魚期是浮游狀態，對於沒什麼力氣的幼魚來說是個可以長距離移動的方式，不過關於產卵地點至今還有許多未解之謎。以小魚等為食，屬於肉食性魚類。泳性佳，是著名的釣遊魚種。

鰻形目鰻鱺科

寬鰭鰻 *Anguilla reinhardtii* Steindachner, 1867

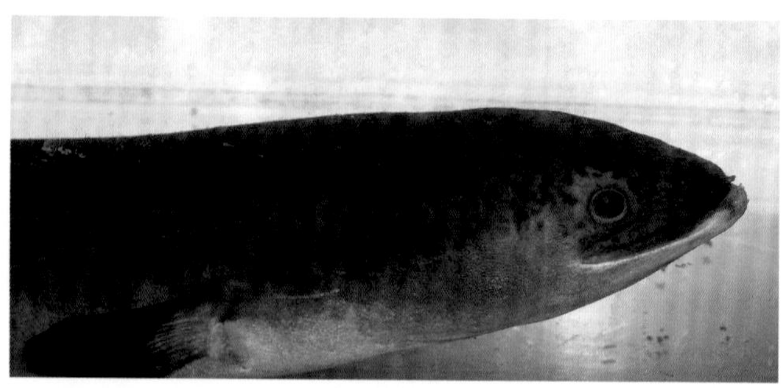

分布：新幾內亞、澳洲東部、新喀里多尼亞、紐西蘭西北部

體長：通常1m
（最大1.6m）

解說：成魚喜歡待在有流速的河川中，不過也有棲息於湖沼。像日本的鰻魚一樣，成魚會在河川中生活，但是產卵期間會進入海中，在澳洲東北海岸水深400m左右的珊瑚海產卵。和鱸鰻（*A. marmorata*）一樣具有斑點狀的花紋，背鰭高度較高，因此稱作寬鰭鰻。在河口採集到的幼魚可作為食用魚出口至中國等地。

鼠鱚目虱目魚科

虱目魚 *Chanos chanos*（Forsskål, 1775）

分布：太平洋中～西部及印度洋

體長：通常為1m（最大1.8m）

解說：棲息地以沿岸的淺海為主，不過也會入侵淡水域。口部小，成魚以藻類及小型無脊椎動物為食，而幼魚主要是以浮游動物為食。除作為食用魚進行養殖之外，也是著名的釣遊魚種。產卵活動會在夜間，於岸邊約30㎞處近海的砂底及珊瑚礁上進行，一次可以產下500萬顆卵。因為體色為白色，在英語圈又稱其為牛奶魚（milkfish）。

鯰形目鰻鯰科

澳洲鰻鯰 *Tandanus tandanus*（Mitchell, 1838）

分布：昆士蘭的豪斯河～澳洲東部的雪梨

體長：通常為45㎝（最大90㎝）

解說：本種為在日本最常見的澳洲觀賞魚──鰻鯰的同類，和鰻鯰一樣在口部周圍有4對觸鬚，還有尖形的尾巴。背鰭與胸鰭的第一棘呈銳利的鋸齒狀。以水生昆蟲、甲殼類、貝類、小魚等為食，屬於肉食性。產卵期在9～11月水溫達20～24℃的春天，雄魚會製作圓形的巢，並且在中央進行產卵活動。產卵期間會產卵數次。

銀漢魚目虹銀漢魚科

新南威爾士柔棘魚 *Rhadinocentrus ornatus* Regan, 1914

分布：北部新南威爾士州及澳洲東部的昆士蘭州

體長：4㎝

解說：本種為澳洲特有的單型種彩虹魚的同類。主要棲息於酸性且清澈的森林小河及湖沼中。以小型水生昆蟲及甲殼類、藻類等為食，屬於雜食性。在澳洲，因為移入的食蚊魚類棲息環境與其重疊，有可能會對本種帶來負面影響。在春天～夏天的產卵期間，會在水草中產下黏性卵。

鱸形目尖吻鱸科

尖吻鱸 *Lates calcarifer*（Bloch, 1790）

分布：西太平洋及印度洋

體長：通常為1.5m（最大2m）

解說：和日本的尖吻鱸同屬，主要棲息於淺海地區，也會在汽水域中活動。以小魚、甲殼類等為食，屬於肉食性。會前往汽水域產卵，在稚魚期的成長期間也會吃水生昆蟲。在東南亞有進行養殖，是重要的蛋白質來源。根據日本外來生物法規定，必須附上種類名証明書。

鱸形目真鱸科

墨瑞鱈 *Maccullochella peelii*（Mitchell, 1838）

幼魚

分布：澳洲東部的莫瑞達令河水系。經移殖亦分布於維多利亞州及新南威爾士州等地區

體長：通常為60cm（最大1.8m）

解說：棲息環境從水質清澈的流動河川到混濁的緩流河川及溝渠、湖泊都有，喜歡有許多大石塊及出水植物的地點。除了魚類及甲殼類之外，也會吃兩棲類、爬蟲類、鳥類、水生哺乳類等，屬於肉食性。在莫瑞達令河水系中是位於生態系頂點的魚類。為了產卵會洄游至河川上游，產卵期在春～初夏，雌魚在河底產卵後，雄魚會有護卵的行為。不過近年來，由於水壩等人造物使得成魚洄游及稚魚降河等活動受到阻礙，造成個體數銳減。成魚的體色為深綠的底色上分布了淡綠色的小斑點，照片中的幼魚則是整體呈暗色系。本屬在澳洲有4種特有種存在，而本種也是澳洲最大的淡水硬骨魚。和過去曾為亞種關係的昆士蘭麥鱈鱸相比，本種的體高較低，尾柄較長，腹鰭較短，除了上述不同點之外，基因上也能作區別。在日本被列為應注意外來物種。

鱸形目真鱸科

圓尾麥氏鱸 *Macquaria ambigua*（Richardson, 1845）

分布：澳洲東部的莫瑞達令河水系及道森菲茨羅伊河水系。經移殖亦分布於昆士蘭州及新南威爾士州等其他地區

體長：通常為50㎝（最大2m）

解說：本屬為澳洲特有，其中包含4個物種。喜歡緩流河川及湖沼的淡水域，耐鹽分的同時也屬於廣溫性，因此對環境的適應力非常高。成魚主要以小魚、甲殼類為食，屬於肉食性。在春～夏產卵期間會溯河而上，於夜間在大雨過後的氾濫平原進行產卵。漂浮在水面的魚卵會在24～36小時後孵化。在日本被列為應注意外來物種。

鱸形目真鱸科

澳洲矮鱸 *Nannoperca australis* Günther, 1861

分布：澳洲西南部

體長：6㎝

解說：本屬為澳洲特有，其中包含6個物種，是個體長不到10㎝的小型魚類群組。特徵是第一及第二背鰭之間有個大缺口，尾鰭外緣為圓形。棲息於小河及湖沼中水草茂密的地點，以小型甲殼類及水生昆蟲為食。產卵期在水溫高於16℃的9月～隔年1月，雄魚具有領域性，並且會邀請雌魚進入自己的地盤中產卵。在澳洲，因為國外外來物種河鱸（*Perca fluviatilis*）及大肚魚的同類——霍氏食蚊魚（*Gambusia holbrooki*）與其產生競爭關係，進而造成個體數減少。

鱸形目鯻科

銀鋸眶鯻 *Bidyanus bidyanus*（Mitchell, 1838）

分布：澳洲東部的莫瑞達令河水系

體長：30～40㎝

解說：本屬為澳洲特有，其中包含2個物種。喜歡有點流速的地點，棲息於河川、湖沼中。以水生昆蟲、貝類、藻類等為食，屬於雜食性。產卵期在11月～隔年1月，期間會溯河而上，屬於洄游魚類。會產下3～4㎜的漂浮卵。成魚的體色在背側呈暗灰色到暗褐色，往腹側逐漸變成銀色。雖然在澳洲是養殖及釣遊對象，不過由於個體數減少，因此被列為易危（VU）物種。

鱸形目鯻科

高體革鯻 *Scortum barcoo*（McCulloch & Waite, 1917）

分布：澳洲東部的布爾克河等。亦移殖至中國及馬來西亞作為食用魚

體長：25～35㎝

解說：本屬為澳洲特有，已知有4種。成魚的體色呈暗灰色，體側有不規則的黑斑。臉部和鯻科魚類相似，但是體型比較像褐藍子魚。以水生昆蟲、甲殼類、貝類為食。產卵活動會在晚春～夏季結束這段時間內，在大雨氾濫的環境中進行。平常會待在10～30℃的環境中，不過因為屬於廣溫性，可適應高達40℃的水溫。稚魚期成長快速，因此被當作養殖魚類。

溫帶魚類現況

本章會聚焦在目前為止介紹的溫帶地區及其周邊地區淡水魚類的共同魅力與問題。此外，也會稍微提到與日本有著一海之隔的地區之間的關係。

本章雖然提到許多近年的大問題──「外來魚種」，不過這也反映出世界受到全球化的影響，透過人類的活動，生物也跟著移動，產生出多樣化的樣貌。相信在各位讀者之中，一定也有許多人小時候在河川及池塘見過泥鰍（*Misgurnus anguillicaudatus*）及青鱂（*Oryzias laticeps*）。但是受到外來魚種影響而面臨滅絕危機的這些原生魚種也不在少數。

對筆者而言，只要讓淡水魚愛好者了解外來魚的問題有多嚴重，能多一位是一位，這樣便足矣。

台灣的水池

台灣的水田

海外與日本淡水魚之間的關係

日本與歐亞大陸隔著一片海，因此初級淡水魚類（在淡水中度過一生的純淡水魚）都是在被隔離的區域。日本周圍的海中有黑潮及親潮兩種洋流，即使是次級淡水魚類（偶爾可進入海水中活動），在魚卵及仔魚等成長階段若不是靠著洋流就無法擴張分布範圍。接著說到氣候帶，日本涵蓋了亞寒帶至亞熱帶，具備了各式各樣的環境。雖然是個特殊的島國，不過在遠古時代，日本曾經有段時間是與大陸相連的，這點只要比對日本與大陸的淡水魚就可以看的出來。

首先，從日本的形成開始說起吧。日本是在距今2,000萬年前，由於大規模的地殼變動開始從歐亞大陸分離，接著，其中的裂縫逐漸變大，大陸與日本群島之間變生成了一片海洋。之後，西南日本以今天的對馬周邊為中心順時針回轉，東北日本則是以知床半島近海為中心逆時針回轉，使日本群島中央往東南方推出，進而擴大了日本海。約1,500萬年前這個擴大活動逐漸緩和，之後在270萬年前迎來冰河期，海面反覆上升又下降，與大陸時而分離時而相連，在約1萬～2萬年前大致形成了現今日本的形狀。在日本群島的形成過程中，雖然每個物種各有不同，但是在進入冰河期的200萬年前左右，日本的淡水魚類相也逐漸形成。

根據《小學館圖鑑Z　日本魚類館　～精美照片及詳細解說～》（中坊徹次編・監修），可以發現，現在的淡水魚類相受到不同大陸魚類相的影響可分為以下三類：

①珠星三塊魚（*Tribolodon hakonensis*）及紅腹鬚鰍（*Barbatula oreas*）等以歐亞大陸東北部為中心分化出來的物種
②鯉魚、鰟鮍、鮈亞科、鰍科、鯰科、鱨科等以歐亞大陸東部溫帶地區為中心分化出來的物種
③鯝亞科、沙鰍科、異鱂科等以東南亞為中心分化出來的物種

具體來說，將朝鮮半島與日本的初級淡水魚類相比可以看出，兩地有許多共通物種分

布，例如黃褐田中鰟鮍（*Tanakia limbata*）、長吻似鮈（*Pseudogobio esocinus*）、唇䱻（*Hemibarbus labeo*）、中華細鯽（*Aphyocypris chinensis*）、雅羅魚、泥鰍（*Misgurnus anguillicaudatus*）、鯰魚（*Silurus asotus*）、在日本已滅絕的南方多刺魚（*Pungitius kaibarae*）等。其他還有鱊屬（*Acheilognathus*）、鰍屬（*Cobitis*）、瘋鱨屬（*Tachysurus*）的魚種，數量不勝枚舉。僅看朝鮮半島也能從①、②明顯看出歐亞大陸的影響。

而被日本指定為天然記念物的短副沙鰍（*Parabotia curtus*）就是③這類以東南亞為中心分化出來的魚類影響實例。沙鰍科全體有8屬57種，大多分布於南亞至中國南部，不過連同地區一起比較時會發現，愈靠近日本，形態上就與短副沙鰍愈相似，非常有趣。

另一方面，看向與大陸之間的差異，有個顯著的例子，就是鯉科魚類的棘狀軟條不同。舉例來說，棲息於日本的鰟鮍類及日本石川魚（*Ischikauia steenackeri*）的棘狀軟條都是又軟又細的。但是分布於大陸的鮊類魚種如鰟鮍類及日本石川魚之中，就有許多都具有非常粗硬的棘狀軟條。鰟鮍類中具有這種粗硬棘狀軟條的物種又稱為「棘鰟鮍」。這種「棘刺」之所以特別發達，推測是為了躲避其他物種的補食，不過在日本幾乎沒有大型掠食魚類，因此「棘刺」的必要性就降低了。

本書列舉的區域中，在韓國、中國、俄羅斯的章節介紹的魚類都可以看出牠們對日本魚類帶來的影響。只要和日本淡水魚對照著看，就能清楚地看出牠們之間的共通性。

越南鱊
Acheilognathus tonkinensis
體長9㎝。是分布於中國東南部的鱊屬魚類。和日本的鱊屬（*Acheilognathus*）相比，棘狀軟條較粗硬。

刺鰭鰟鮍*Rhodeus spinalis*
體長7㎝左右。是分布於中國南部～越南北部的鰟鮍屬魚類。和日本的鰟鮍屬（*Rhodeus*）相比，棘狀軟條較粗硬。

溫帶淡水魚為婚姻色的寶庫

說到溫帶淡水魚的魅力就必須提到，「繁殖期的體色變化」是起因於四季鮮明氣候。筆者在大學時代曾經研究過平頜鱲・馬口鱲的卵及仔稚魚型態形成的過程。當時為了在短暫的產卵期中有效率地從親魚那裏取得魚卵，著實費了一番苦心。不過也是在那時被產卵期特有的美麗婚姻色深深吸引，現在想起來覺得十分懷念。

大多數的魚類都會有一段繁殖期。其中雖然也有經年繁殖的魚類，不過這些魚類大部分都是棲息於熱帶的淡水魚類，因為那裡的氣候及環境都很穩定；棲息在氣候較多變的溫帶地區的淡水魚中就幾乎沒有這種情況。

一般來說，熱帶淡水魚常因為受到氾濫等因素刺激而進行產卵，造訪東南亞時，就可以在雨季上升的水位中看見仔魚及稚魚游泳的樣子。還有一種俗名為飛鉤（Flying barb）、長鬚鮃屬（*Esomus*）的鯉科魚類，在雨季之後會從原本什麼都沒有水池中湧現（雖然事實上並不是這樣），推測可能是像非洲的卵生青鱂一樣，會產下耐乾燥的魚卵。

另一方面，溫帶淡水魚及熱帶淡水魚除了促成產卵的契機不同之外，和晝長與水溫變化也有很大的關係。例如，溫帶淡水魚就常在春季因為生殖腺急速發展而進行產卵，在盛夏來臨之前結束繁殖，是因為接下來晝長會變長，水溫也會上升。

話題回到溫帶淡水魚的婚姻色，婚姻色指的是魚類等某部分的動物在繁殖期時，會出現與平時不同的體色，使花紋產生變化。這是因為體內的荷爾蒙變化造成，而婚姻色通常都會有雌雄差異，大多數的情況是雄魚的顏色較鮮豔，雌魚顏色較樸素或是和平時一樣，雄魚可以藉由色彩豐富的配色來吸引雌魚產卵。不過也有少數雌魚色彩較鮮明的種類。例如栗色裸身鰕虎（*Gymnogobius castaneus*）在春天的產卵期間就是雌魚會出現婚姻色，由雌魚互相競爭追求雄魚。

婚姻色的代表性魚類為在遊釣及觀賞等各方面都受到人們喜愛的鰟鮍類。鰟鮍在世界上已知有4屬61種14個亞種，在海外可能還存在著更多未記載的物種。繁殖期除了大部分的春季產卵型之外，也有其他各種如斜方鱊（*Acheilognathus rhombeus*）這樣秋季產卵型的魚類，所有種類在繁殖期間都是雄魚出現婚姻色。鰟鮍類的繁殖活動如同上述，是受到晝長及水溫變化的影響，只要由人為控制就可以不受季節限制地進行繁殖。也因此，鰟鮍類的人工繁殖非常普遍，不僅是因為觀賞等興趣，也有研究用途。

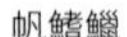

帆鰭鱲

史尼氏小鲃

其他具有美麗婚姻色的淡水魚還有雅羅魚類、平頜鱲（*Zacco platypus*）及馬口鱲（*Opsariichthys uncriostris*）的同類、鮭魚・鱒魚類、吻鰕虎類等等。其中，北美的南方紅腹魚（*Chrosomus erythrogaster*）多數小型雅羅魚更有著日本淡水魚沒有的鮮豔顏色及高度存在感。此外，筆者經驗中印象最深刻的婚姻色是出現在水族箱中飼養的特氏東瀛鯉（*Nipponocyprsis temminckii*）。因為雌魚的縱帶只會在快要產卵前才會變成鮮明的銀色，要觀察產卵前兆才會發現。不過這是在水族箱內觀察到的體色變化，仍無法判別在自然界中是否也是如此。

婚姻色只能在特定的時期內觀察到，希望各位都能一起欣賞伴隨著變化出現的豐富色彩。

刺鰭鰟鮍

小鰁

彩虹美洲鱥

越南產吻鰕虎

在河川中洄游的淡水魚

說到「洄游」魚類會想到什麼呢？一般最常想到的是產卵期會從海中往河川逆流而上，產卵後就結束生命的鮭魚（*Oncorhynchus keta*）吧。或者是和鮭魚相反，到海裡產卵，從日本前往遙遠的馬里亞納海的日本鰻（*Anguilla japonica*）。

像這樣的洄游行為，在魚類學用語中會因為其行為模式而改變。像鮭魚這樣在河中產卵，孵化的魚再離開河川，大部分的時間都在海中生活，就稱為「溯河洄游魚」；而日本鰻這種平常在河裡生活，到海中產卵，孵化後的仔魚會再回到河裡，就稱為「降河洄游魚」。這些都是以產卵地點為基點，看行動方向是離開河川或是回到河川，再決定稱呼方式。不過，也有像香魚（*Plecoglossus altivelis altivelis*）及一部分的降河型吻鰕虎一樣，產卵和大部分的時間都在河中，卵或幼苗被沖到河口,成長到一段時間再溯河回到原棲地。這種魚類稱為「兩側洄游魚」。

上述的洄游指的是在河與海兩種不同的環境之間來回移動，不過也有許多淡水魚只會在河中進行洄游。這種行為是在繁殖期間離開平常棲息的地點，移動至河川上游產卵，稱作「淡水域迴游」。從日本的河川源頭到海中的距離不長，因此鮮少有機會能明確地看見這樣的行為，因此人們對種洄游生態的認識程度也不高。這種狀況也顯現在語言上，像河中的「洄游」，在英語是用「migration」這個詞，但是日文用的是「移動」。

棲息於日本河中的鯉魚（*Cypirinus carpio*）會為了產卵逆流一小段距離，而海外的大型河川中更是可以看見多種具有溯河習性的魚類。移動距離因魚種會有些差異，例如中國的胭脂魚（*Myxocyprinus asiaticus*）及裂腹魚屬的同類、北美的匙吻鱘（*Polyodon spathula*）、澳洲的圓尾麥氏鱸（*Macquaria ambigua*）、墨瑞鱈（*Maccullochella peelii peelii*）等都是大型魚類，成魚大多生活在大型河川中。

在日本的國外外來種——鰱魚（*Hypophthalmichthys molitrix*）也是其中一種，6～7月大雨過後，牠們會從霞浦等下游地區溯河而上，到埼玉縣的羽生市附近。電視新聞也報導過在這個時期躍出水面的大型鰱魚，知道的人應該還不少。對這種魚類來說移動100㎞以上不是問題，溯河型魚類的身軀都很大，或許是因為牠們具有能夠持續長距離逆流而上的游泳力。

那麼，牠們又為什麼要溯河產卵呢？推測的原因如下：「大型魚類為了提升配對率，所以要聚集到河川幅度較狹窄的上游特定區域產卵」，還有「產卵主要是在春季豐水期進行的，這樣魚卵及仔魚才能在會游泳之前乘著加快的流速前進，避免在進入海中之前就死亡」等等。剛剛提到的鰱魚魚卵就是漂流卵，和一般魚卵相比更具浮力，魚卵會順流漂下並孵化，因此，為了留下子孫，到海裡之前勢必要有一段距離。

而在河川中洄游的魚類有個難以避免的問題，就是像水壩這種橫斷河川的障礙物。水壩及堰堤的存在都會對上游及下游形成阻隔，進而阻礙產卵為目的的洄游行動。在日本也經常耳聞，為了讓在海河之間往來的香魚能跨越水壩，而設置能通往上游的魚梯。但是僅在河川中洄游的魚類，行動也有可能因為這樣的障礙物受阻。

為了確認胭脂魚及鱤魚（*Elopichthys bambusa*）等的洄游移動是否受到影響，在水壩的上・下游開始進行生態調查。胭脂魚的情況是，在水壩的上・下游會形成不同的族群並進行繁殖。雖然水壩帶來的影響看似是有限度的，不過產卵地點被破壞的話，魚類便會滅絕。希望人們不要忘了，對魚類而言這是致命的問題。

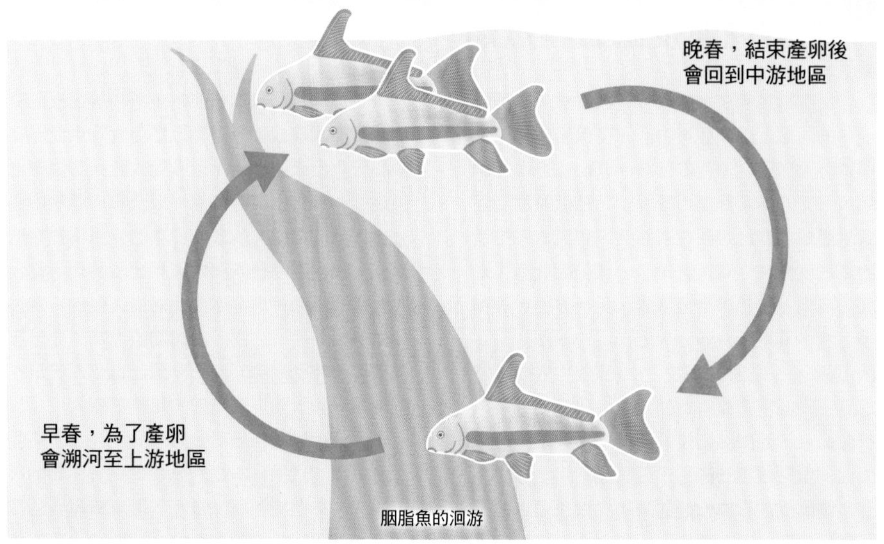
晚春，結束產卵後
會回到中游地區
早春，為了產卵
會溯河至上游地區
胭脂魚的洄游

為了產卵而逆流而上的胭脂魚

在春季的繁殖期間，會為了產卵離開平常生活的河川中游，往上游移動。繁殖期結束後才會再回到中游。

吻鰕虎類及條鰍科魚類

日本常見的淡水魚中存在著吻鰕虎這種鰕虎科的同類。以東亞為中心，從俄羅斯極東地區開始到東南亞已知有約60種，是個大群組，日文的漢字寫作「葦登」。牠們利用吸盤狀的腹鰭巧妙地吸附在岩石上，在流水中生活的姿態就像在「攀爬蘆葦」一樣，因此有了這樣的名稱，聽起來十分風雅。另一方面，說到學名中的屬名「*Rhinogobius*」，是由「rhino（鼻子、吻部）」及「gobius」組成。意思是「吻部特徵如鰷魚的魚」。日文名稱是以行動命名，而學名則是著眼於外觀。不同地方關注的重點就不一樣，十分有趣。

吻鰕虎在日本一般的河川中幾乎可以說是一定捉的到。因為採集方式相對容易，之前從美國來的朋友用500ml的空寶特瓶充當誘捕裝置就抓得很開心。筆者在學生時代，到了冬天就會抓一些活體吻鰕虎來餵食自己飼養的肉食性鯉科魚類（聽起來很可憐）。回想當時，仔細觀察會發現牠們很親人，又好像有表情一樣，要把牠們當作活餌的時候都會猶豫一下。因為飼養容易，養得好的話還能觀察到陸封型吻鰕虎的產卵過程。

和吻鰕虎同樣是日本底棲性魚類的還有斑北鰍（*Lefua echigonia*），屬於條鰍科，分布於東亞北部，在日本棲息於東日本的山間小溪。斑北鰍的同類還有南鰍屬魚類（*Schistura*），牠們在南亞～東南亞分布超過200種，是個非常大的群組。

筆者初次到越南北部的河川進行採集時嚇了一跳。原本是要觀察越南北部的吻鰕虎，明明是瞄準著牠們應該會聚集的地方撒網，結果就完全沒有抓到那些在日本很容易抓的吻鰕虎。網中反而是些帶有條紋花紋，扭來扭去的南鰍。簡單來說，似乎是斑北鰍的同類佔據了吻鰕虎的生態棲位（niche）。

為什麼日本和海外會有這樣的差異呢？日本位處歐亞大陸東側，和大陸之間有一海之隔，是個島國。日本的淡水魚類相是由三個生物地理要素構成，分別為以歐亞大陸東北部為中心分化出來的群組、以歐亞大陸東部溫帶地區為中心分化出來的群組，以及東南亞為中心分化出來的群組。棲息於日本的條鰍科魚類的祖先，推測是在日本與大陸相連的時代，從日本北側、薩哈林島等處經北海道入侵的冷水性魚類群組。另一方面，由於吻鰕虎類主要分布於東亞，特別是中～南部，因此推測入侵日本的物種受到大陸東亞南部的影響甚深。

吻鰕虎類和條鰍科魚類不同，包含了兩側洄游魚種，根據日本吻鰕虎類進化史相關的最新研究，這個特徵與多樣性的形成有極大的關係。也就是說，兩側洄游的吻鰕虎在幼魚期會在海中度過一段時間，雖然隔著一片海，但是隨著海流（這邊是暖流）的影響，有可能會往北擴張分布範圍。雖然不是吻鰕虎類，不過在千葉縣的房總半島南部也曾經採集到像神島硬皮鰕虎這種南方種的鰕虎魚。從個體數稀少這點看來，應該是沒有在冬季存活下來，不過若由於某些原因使其能克服這個問題，就有可能定著下來。像這樣的運作機制或許就是讓吻鰕虎擴大分布地區的助力。順帶一提，被洋流帶到原本無法生存的區域，無法適應隨著冬季等季節變化而變動的水溫而死亡的情況，在過去稱為「滅亡洄游」，不過因為是與繁殖不相關的洄游行動，因此，現在稱作「無效分散」。

雖然具有相同生態習性，但是在不同地點也會獲得不同的生態棲位。在和平常不同的地點進行魚類採集時，記下採集到的魚種帶來的違和感，就能尋根探究，進行更深度的理解，或許就能產生出新的研究方向哦。

斑北鰍
Lefua echigonia
體長5～7cm（照片中個體）。
北方種條鰍科魚類。

中國產南鰍
***Schistura* sp.**
體長4cm（照片中個體）。
南方種條鰍科魚類。

日本常見的魚類在海外竟然是外來魚種!?

根據國立研究開發法人國立環境研究所的報告指出，在2019年定著於日本的外來魚已達100種左右。其中有40種是國外外來魚，而具有高度定著可能的黃顙魚（*Pelteobagrus*）、鰲條（*Hemiculter leucisculus*）、團頭魴（*Megalobrama amblycephala*）、河川沙塘鱧（*Odontobutis potamophila*）國外外來種的數量都穩定增加中。

●外來種的問題點

那麼，我們就來看看外來種會帶來哪些問題吧。關於問題形成的原因，近畿大學的細谷和海名譽教授統整了以下幾點：

①對當地物種造成競合及掠食等生態方面的影響
②寄生蟲及病原菌移入等疫病方面的影響
③基因汙染、雜種不稔性等遺傳方面的影響
④未知的影響

細谷（2007）

以筆者研究過的河川沙塘鱧為例，從牠入主了棲地中原本空白的頂級掠食者的生態地位，且個體數確實增加這點，就能明顯感受到①所說的生態影響。日本的淡水魚因為遠離大陸，發展出獨特的進化過程，有許多珍貴的魚類。但是現在有100種外來魚在日本各地造成各種影響，令人不禁為原生種感到擔憂。鑑賞世界溫帶淡水魚的樂趣之一，就是和與日本同類的魚種比對不同之處。必須要讓人們知道，隨意地放流外來魚種，可能會造成原生物種的數量減少。

●日本的外來生物法

目前，日本為了防止帶來負面影響的外來生物在日本擴散，施行了「外來生物法」。只要認定可能會對環境造成影響，就會將此物種列為「特定外來生物」，並進行防治作業。在魚類之中被指定的有26種，主要禁止的項目如下：

- 飼育、栽培、保管及搬運
- 進口
- 野放
- 具飼養許可者，將物種讓渡給不具飼養資格者
- 在取得飼養許可的條件下，將特定外來生物飼養在事前約定好的「特定飼養設施」外

違反以上規範，會受到刑罰或罰金等罰則。

●日本常見的魚類在海外擴增

說到國外外來生物，大多會先入為主地想到海外對日本帶來的負面影響，不過也有日本常見的魚類在海外變成侵略性生物的例子。

像鯉魚（*Crypinus carpio*）及羅漢魚（*Pseudorasbora parva*）就是這種情況的例子。不過，這兩者絕不是從日本移至海外的，請別誤會。鯉魚是什麼都吃的雜食性魚類，對環境污染及低溫的耐受性都很高。再加上體型趨向大型化，不太容易被掠食，個體數便隨之增加，已經被列入世界上對生態侵害最嚴重的外來種前100名。

羅漢魚是因為中國產的鯉魚等魚類的放流行為，而在歐洲及非洲擴散開來。在歐洲，以羅漢魚為媒介的寄生蟲也隨之擴散，對狗魚類這種掠食者造成嚴重的影響。羅漢魚因為具有護卵的習性，繁殖力較強，這或許也是牠分布廣泛的原因之一。

上述外來生物造成的問題，都不是能輕鬆解決的。不過，魚類本身也沒有錯，錯的是將牠們引進的人類。希望讀者們能透過閱讀本書，好好思考關於上述這些外來魚種的問題。

羅漢魚 ***Pseudorasbora parva***

體長6㎝左右，具有護卵習性，繁殖力強。

羅漢魚 ***Pseudorasbora parva***

從正面觀察的羅漢魚。人們似乎並不清楚牠會在移入地點擴散分布範圍。

世界上的鯉魚（*Crypinus carpio*）鯉魚竟對世界生態形成威脅!?

列舉世界最有名的淡水魚時，絕對不會忘了鯉魚。鯉魚屬於鯉屬（*Cyprinus carpio*），在日本及包含朝鮮半島在內的黑龍江流域～東南亞北部等地，及黑海與裏海等地共有24種分布，大多棲息於東亞。由於日本只有*Cyprinus carpio*這個物種分布，對於世界上還有這麼多種鯉屬魚類存在應該會滿驚訝的。順帶一提，在東南亞的市場上看見體高較高，體長稍短的鯉魚，是稱作赤棕鯉（*C. rubrofuscus*）的中國產鯉魚。

近來，「將錦鯉定為日本國魚」的呼聲蔚為話題，應該有些讀者對魚一條超過兩億日元的錦鯉的新聞還有印象。日本是聞名世界的錦鯉大國，每年都有許多外國人專程到日本購買錦鯉。除了「紅白」、「大正三色」、「昭和三色」等著名的品種外，還有其他超過100種品種，顯示出錦鯉文化在日本紮根紮地又廣又深。鯉魚已融入日本各地的生活中，只要去觀光地區就能在池塘及溝渠中看見鯉魚的身影。甚至在「進行護岸工程而裸露出水泥的河川」這種地點也能看見錦鯉在水中悠游，令人匪夷所思。

在提倡河川保護的看板底下看見悠游的錦鯉，總覺得有些許「違和感」。

●世界百大外來入侵物種

這股「違和感」來自於哪裡呢？事實上，備受人們喜愛的鯉魚正在世界各地帶來負面影響。以生物學的觀點來看，以編著紅皮書名錄聞名的國際自然保育聯盟（IUCN），除了針對每個物種進行滅絕危險性評估之外，也有編撰一份「世界百大外來入侵物種」這樣的文件，而鯉魚就是其中的一種。目前，在FishBase（https://www.fishbase.se/search.php）中查詢究竟有多少國家列為移入種，結果發現196個國家中就有112國。遍及北美、南美、亞洲、歐洲、非洲、大洋洲等世界各地，在北美對原生物種的影響尤其嚴重。鯉魚原本就對水質汙染及水溫變化等環境變化的耐受力很強，又是雜食性，一旦大型化就會是種適應力極高的魚類。這些特性都會對環境造成危害，因此鯉魚才會被列為外來入侵物種。

那麼，鯉魚在世界各地擴散又會造成哪些負面影響呢？其中最明顯的如同前述，就是對原生物種的負面影響。例如，過去沒有被過度掠食的原生物種成了鯉魚的餌食；或是必須和鯉魚競爭獵物；以鯉魚為媒介的鯉魚皰疹病毒又會隨著鯉魚擴散等等。希望人們能更認真地想想，在原本沒有鯉魚的環境輕易地放流會帶來什麼樣的後果。

●古代鯉魚的危機

在鯉魚危害的受害者中也不乏鯉魚的同類，就是2005年曾經引起熱烈討論，被稱為「古代鯉魚」的本土野生鯉魚。這個物種是從分子生物學的角度研究魚類生物多樣性，同時進行環境生態學及保育研究的馬渕浩司透過粒線體DNA分析發現的。比對原生種及外來種的鯉魚在外觀上的差異可以發現，原生種身形較細長，背鰭分枝軟條數約為21（外來種約為18），鰓耙數約為19（外來種約為24）。

根據馬渕浩司於2017年魚類學雜誌上發表的論文，棲息於日本的本土鯉魚只存在於琵琶湖的深層處（水深20m以上），是個非常純粹的群體。反觀其他地區的雜種化情況嚴重，可以說是陷入危機的程度，從歐亞大陸過來的外來鯉魚也在全日本氾濫成災。

由於體型上的差異可能因為成長狀況而異，即使是出現特徵的成魚，沒有將兩者放在一起比較的話，一般人也難以判斷其差異。不過，仔細觀察或許也能在琵琶湖以外的地區發現本土鯉魚。

目前，日本的本土鯉魚已經在環境省的紅皮書名錄中被列為「可能滅絕的地區個體群

在琵琶湖發現的古代鯉魚幼魚

在越南市場上販售的鏡鯉（上方照片），以及和鯉魚混在一起的其他漁獲（左方照片）

（琵琶湖本土型）」，國際自然保育聯盟（IUCN）也將其列為易危（VU）物種。

河川沙塘鱧

發現國外外來魚種——河川沙塘鱧

河川沙塘鱧屬於鰕虎目沙塘鱧科，全長可達15～25㎝，是夜行性的肉食魚類。在世界上的分布，東亞有8種，其中包括分布於日本愛知縣及新潟縣以西的本州、四國、九州、韓國巨濟島的暗色沙塘鱧（*Odontobutis obscura*），及分布於島根縣西部誌山口縣東部的斜口沙塘鱧（*O. hikimius*）等2種。前者在神奈川縣等關東地區被發現時被視為國內外來種，其生態習性有可能對當地環境造成影響。

2017年初春，千葉縣立中央博物館的共同研究員福地毅彥與精通淡水魚的攝影師松澤陽一在茨城縣的利根川水域中採集到並非上述兩種沙塘鱧的外來種，之後兩位便針對此物種做了詳細的報告。內容可以在《千葉生物誌》67卷1、2號看到。筆者作為相關研究人員，在這邊也想稍微寫一些發現的經過，以及刊物發行後發現的事。

沙塘鱧魚類不論是國內外的物種，在形態上都是種難以分辨的魚類。即使是筆者，在野外發現河川沙塘鱧也沒辦法馬上判斷出來。我向其中一位採集者福地先生訪問了發現當時的經過。福地先生描述採集時的第一印象：「雖然知道暗色沙塘鱧在關東算是其他地區引入的國內外來種，但是與其相比，採集當下看到的個體體色十分顯眼且顏色鮮明。雖然覺得有點違和感，但是當下又無法斷定就是別的物種」。將個體帶回千葉縣立中央博物館，利用《日本產魚類檢索　全種鑑定》（中坊徹次編）試著比對鑑定，發現位於頭部背側眼睛後方的側線管模樣比起暗色沙塘鱧更接近斜口沙塘鱧。但是，具有斜口沙塘鱧採集經驗的松澤先生說「斜口沙塘鱧的棲息環境和發現這種沙塘鱧屬不明種的河川明顯不同」。實際上也是如此，斜口沙塘鱧棲息於水質清澈的河川溪流下游處，採集到本種的地點卻是泥底質且許有抽水植物。筆者後來也有造訪捕捉到沙塘鱧屬不明種的地點查看，走進河裡發現有些地方的淤泥甚至堆積至膝蓋高度。

由以上幾點判斷出不是日本產的沙塘鱧之後，又和海外的6種沙塘鱧屬魚類進行詳細比對，從頭部的側線管模樣得出牠是河川沙塘鱧的結論。在上述的報告中雖然沒有提到，但是經由粒線體分析出來的結果也和河川沙塘鱧的資料吻合。

知道是河川沙塘鱧後再觀察標本，覺得10㎝以上的個體應該可由頭部的側線管及側線孔來判斷。乍看有些部分會覺得難以判斷，但是河川沙塘鱧和日本產的沙塘鱧相比，第一及第二背鰭之間的間隔不大（也有一些個體的間隔稍大），這就是個有效的辨識點。

在日本發現的河川沙塘鱧棲息地。河中有淤泥堆積和許多出水植物。

另一方面，河川沙塘鱧究竟以什麼樣的途徑移入利根川流域部分地區，完全是個謎。推測可能是混在海外的食用淡水活魚及蝦類釣餌之中被帶進國內；還有極微小的可能是以觀賞為目的引進的。總之，就是透過某種形式被帶入國內，又被放到野外了吧。觀察採集到的個體體長從２㎝的幼魚～14㎝的成魚都有，雌性成魚中還有抱卵的個體。因此判斷再生產的可能性極高。

關於關東地區的外來物種，在河川沙塘鱧之前還有黃顙魚（*Pelteobagrus fulvidraco*）的移入紀錄，以及應該只棲息於東海地區的小黃黝魚（*Micropercops swinhonis*）出現在千葉縣的紀錄。關東部分地區還有不確定是否為外來物種，但是具有與中國的棒花魚（*Abbottina rivularis*）十分相近的粒線體基因序列的族群存在。未來對於國外外來物種的移入千萬不能大意。

鰲條（岡山縣產）

新的威脅!?鰲條

2017年初夏，我接到了負責拍攝本書照片的關慎太郎的聯絡。原來是因為在岡山採集到了鰲條（*Hemiculter leucisculus*）。「因為聽說網路上也有在賣，希望你可以看一下」所以快速查詢了一下，結果就像他說的一樣，真的有人在賣鰲條。

鰲條是屬於鯉形目鯉科鯝亞科的魚類，棲息於朝鮮半島～越南北部。在本書中介紹的有第2章的中國是作為觀賞魚類進口的個體、第4章南亞・東南亞北部的越南・河南北部看見的個體、第5章俄羅斯烏蘇里江的個體。鰲條就像牠的名稱一樣，有著15㎝左右的細長銀色身軀，看起來像沙丁魚，類似日本的日本石川魚。之後，透過慎太郎的協助，我取得了岡山縣的鰲條，從「身體腹側上的側線」、「腹部中線的稜脊」來看，完全就是鰲條。在日本捕捉到的鰲條，毫無疑問是國外外來種。還可以販售的話，想必是採集到了一定的數量。

在那之後過了一陣子，在2017年9月，日本生物地理學會的學術雜誌《Biogeography》中就出現了國外外來種鰲條的報告。根據報告指出，在採集地點－岡山縣岡山市的百間川內，早在2016年7月就已經發現鰲條的蹤跡了。鑑定方面，無論是外型特徵或是粒線體基因序列都顯示出那就是鰲條沒錯。他們的體長為10㎝左右（筆者入手的個體約為6㎝）。雖然沒辦法確定移入途徑，不過論文推測是以釣餌或觀賞目的從海外進口，再被放到野外的。未來的發展狀況堪憂。

筆者也確認了鰲條在日本國內被當作觀賞魚流通於市面的事實，若這真的是鰲條出現在野外的原因，那麼水族玩家的行為就該被檢討。對於本身也是一名水族愛好者的我而言，真是非常遺憾的消息。2018年之後，本種的捕獲狀況不明，但是可以想像牠與生態息性相近的平頜鱲（*Zacco platypus*）會形成競爭關係，也有極高的可能在日本其他地區再生產。必須要設法杜絕野外的鰲條。

鰲條的臉部

拉近一看會發現與平頜鱲很相似。

中國產的鰲條

作為觀賞魚進口。

陸續出現的新面孔！

本書盡可能地討論了許多溫帶淡水魚，但是以全體的種數來看仍然十分微少，還有許多未知的領域沒有提到。筆者在執筆本書的圖鑑部分之後，仍然持續進行田野調查，也會逛逛水族店家。刊物發行之際，也遇到了許多魚類。以下要介紹沒有收錄在圖鑑中的5種魚類，讀者們也可以逛逛身邊的水族店家，說不定能看見這些有趣的新面孔唷。

鯉形目鯉科鲃亞科

鲃 *Barbus barbus*（Linnaeus, 1758）

分布：英國東南部及法國～黑海。亦移殖至義大利北部及中部等處

體長：通常為25㎝（最大1m）

解說：棲息於水質清澈的砂礫底流動河川中游及湖泊中。以甲殼類、水生昆蟲、小魚、藻類等為食，屬於雜食性。產卵期為5～7月。為了產卵可以移動20㎞以上，並且在湍急的砂礫底淺水處進行產卵。魚卵具有毒性。本種為鲃亞科的模式種（用來定義該類群的物種原型）。該個體是2019年9月從歐洲進口的。在歐洲為釣遊魚種。

鯉形目鯉科雅羅魚亞科

大頭歐雅魚 *Squalius cephalus*（Linnaeus, 1758）

分布：伊比利半島及愛爾蘭以外，法國以東～俄羅斯西部地區。經移殖分布於歐洲

體長：通常為25㎝（最大50㎝）

解說：棲息於緩流的河川及湖泊中。以甲殼類、水生昆蟲、小魚、藻類等為食，屬於雜食性。產卵期為5～9月。會在湍急的砂礫底淺水處產下黏性卵。照片中的個體為幼魚，隨著成長，尾鰭及腹鰭會染上紅色。有時能看到其與歐白魚（*Alburnus alburnus*）的雜交個體。在歐洲為釣遊魚種。

鯉形目鯉科雅羅魚亞科

黑吻鱵 *Rhinichthys atratulus*（Hermann, 1804）

分布：北美中～東部

體長：7㎝

解說：棲息於流動的小河中。產卵期為4～7月左右，會在砂礫底的淺水處產卵。繁殖期間雄魚的黑縱帶會帶點橘色，背面會出現許多追星。鈍頭吻鱵（*R. obtusus*）與其十分相似，不過本種的側線鱗數為46～63，側線到背側的尾柄周圍鱗列數為11～14，比較少（鈍頭吻鱵分別為56～70、13～16）。屬名是來自於成魚突出的吻部，種名則是源於黑色的縱帶，意思是「身上帶黑色的」。

鯉形目鯉科雅羅魚亞科

突吻曲口魚 *Campostoma anomalum* Rafinesque, 1820

分布：北美中～東部。經移殖亦分布於北美其他地區

體長：17㎝

解說：棲息於砂礫底的中～小型河川中。主要以附著藻類為食，屬於雜食性，會用下顎刮取藻類。產卵期為4～6月左右。繁殖期間會移動至有小型岩石及砂礫底質的流動河川上游。雄魚會尋找適當的地點，壓在岩石等處製作下凹的產卵床。因為這樣的行為，本種又被稱為Stone roller，意思是「轉石塊者」。繁殖期間，雄魚的頭部至尾部背面會出現許多追星。

鯉形目鯉科鱊亞科

鱊屬未鑑定種 *Acheilognathus* sp.

分布：中國

體長：6㎝（照片中個體）

解說：在鰓蓋正後方背側有青綠色斑點，臀鰭外緣及腹鰭前緣有白色的邊緣，具有觸鬚。

中文名・商品名索引

【2劃】

【5劃】

【10劃】

【15劃】

【20劃】

學名索引

【A，B】

【C】

【M，N】

【O】

【P】

【R】

【S】

【T】

【U，V，Y】

参考文献

1）赤井裕，秋山信彦，鈴木伸洋，増田修（2004）タナゴのすべて　釣り・飼育・繁殖完全ガイド・エムピージェー，東京・

2）荒山和則，松崎慎一郎，増子勝男，萩原富司，諸澤崇裕，加納光樹，渡辺勝敏（2012）霞ケ浦における外来種コウライギギ（鯰形目鱨科）の採集記録と定着のおそれ・魚類学雑誌59：141-146・

3）Bogutskaya, N.G., A. Naseka, S.V. Shedko, E. Vasil'eva (2008) The fishes of the Amur River: Updated check-list and zoogeography. Ichthyol. Exp. Freshwaters 19: 301-366.

4）Bohlen, J., T. Dvorák, H.N. Thang, V. Šlechtová (2019) *Tanichthys kuehnei*, new species, from Central Vietnam (Cypriniformes: Cyprinidae). Ichthyol. Exp. Freshwaters 29: 9-18.

5）Boschung, H.T., R.L. Mayden (2004) Fishes of Alabama. Smithsonian Book, Washington.

6）Bray, D.J. (2018) Resources, in Bray, D.J. & Gomon, M.F. (eds) Fishes of Australia. Museums Victoria and OzFishNet. http: //fishesofaustralia.net.au/.

7）陳義雄，張詠青（2005）台灣 淡水魚類原色図鑑　第一巻　鯉形目・水産出版社，基隆

8）陳宜瑜，褚新洛，羅云林，陳銀瑞，劉煥章，何名巨，陳煒，東佩琦，何舜平，林人端（1998）中國動物誌　硬骨魚綱　鯉形目（中巻）・科学技術社，北京

9）Chen, I.S., J.H. Wu, C.H. Hsu (2008) The taxonomy and phylogeny of *Candidia* (Teleostei: Cyprinidae) from Taiwan, with description of a new species and comments on a new genus. Raffles Bull. Zool. Suppl. 19: 203-214.

10）Chen, Y.X., D.K. He, H. Chen, Y.F. Chen (2017) Taxonomic study of the genus *Niwaella* (Cypriniformes: Cobitidae) from East China, with description of four new species. Zoological Systematics 42: 490-507.

11）Chen, Y., Y. Chen (2016) A new species of the genus *Cobitis* (Cypriniformes: Cobitidae) from the Northeast China. Zoological Systematics 41: 379-391.

12）褚新洛，鄭葆珊，戴定遠，黄順友，陳銀瑞，莫天培，岳佐和（1999）中國動物誌　硬骨魚網　鮎形目・科学技術社，北京・

13）Choi, K.C., S.R. Joen, I.S. Kim, Y.M. Son (1990) Coloured illustrations of the freshwater fishes of Korea. Hyangmun Sa, Seoul.

14）Freyhof, J., F. Herder (2001) *Tanichthys micagemmae*, a new miniature cyprinid fish from Central Vietnam (Cypriniformes: Cyprinidae). Ichthyol. Exp. Freshwaters 12: 215-220.

15）Fricke, R., W.N. Eschmeyer, R. van der Laan (eds) (2019) Eschmeyer's catalog of fishes: genera, species, reference. Electronic version. http: //researcharchive.calacademy.org/research/ichthyology/catalog/fishcatmain.asp.

16）Froese, R., D. Pauly. (eds) (2019) FishBase. World Wide Web electronic publication. www.fishbase.org, version (04/2019).

17）福地毅彦，松沢陽士，佐土哲也（2018）茨城県菅生沼周辺で採集された國外外来種カラドンコ・千葉生物誌　67：45-49・

18）甘西，藍家湖，吳鉄軍，楊剣（2017）中國南方淡水魚類原色図鑑・河南科学技術出版社，河南

19）日比野友亮，田口智也，岩田一夫，古橋龍星（2019）宮崎県大淀川水系から得られたオヤニラミ属魚類コウライオヤニラミ・Nature of Kagoshima 45：243-248・

20）細谷和海（2007）ブラックバスを科学する～駆除のための基礎資料～・財団法人リバーフロント整

備センター　2-12・
21）Huynh, T.Q., I.S. Chen (2014) A new species of cyprinid fish of genus *Opsariichthys* from Ky Cung - Bang Giang River basin, northern Vietnam with notes on the taxonomic status of the genus from northern Vietnam and southern China. Journal of Marine Science and Technology 21, Suppl.: 135-145.
22）井田齊，奥山文弥（2017）サケマス・イワナのわかる本　改訂新版・山と溪谷社，東京
23）一般社団法人日本魚類学会（編）（2018）魚類学の百科事典・丸善出版，東京
24）IUCN (2019) The IUCN Red List of Threatened Species. Version 2019-2. http://www.iucnredlist.org.
25）Jang-Liaw, N.H., K. Tominaga, C. Zhang, Y. Zhao, J. Nakajima, N. Onikura, K. Watanabe (2019) Phylogeography of the Chinese false gudgeon, Abbottina rivularis, in East Asia, with special reference to the origin and artificial disturbance of Japanese populations. Ichthyological Research 66: 460-478.
26）Jeon, H.B., D. Anderson, H. Wona, H. Limb, H.Y. Suka (2017) Taxonomic characterization of *Tanakia* species (Acheilognathidae) using DNA barcoding analyses. Mitochondrial DNA part A.
27）Jiang, Z., J. Jiang, Y. Wang, E. Zhang, Y. Zhang, L. Li, F. Xie, B. Cai, L. Cao, G, Zheng, L. Dong, Z. Zhang, P. Ding, Z. Luo, C. Ding, Z. Ma, S. Tang, W. Cao, C. Li, H. Hu, Y. Ma, Y. Wu, Y. Wang, K. Zhou, S. Liu, Y. Chen, J. Li, Z. Feng, Y. Wang, B. Wang, C. Li, X. Song, L. Cai, C. Zang, Y. Zeng, Z. Meng, H. Fang, X. Pin (2016) Red List of China' s vertebrates. Biodiversity Science. 24: 500-551.
28）環境省（2019）日本の外来種対策・https://www.env.go.jp/nature/intro/index.html.
29）環境省（2019）生物多様性センター　いきものログ・https://ikilog.biodic.go.jp/.
30）川那部浩哉，水野信彦，細谷和海（著，編集）（2001）山渓カラー名鑑　日本の淡水魚・山と渓谷社，東京
31）Kawase, S., K. Hosoya (2010) *Biwia yodoensis*, a new species from the Lake Biwa / Yodo River basin, Japan (Teleostei: Cyprinidae). Ichthyol. Exp. Freshwaters 21: 1-7.
32）Kim, C.H., W.S. Choi, D.H. Kim, J.M. Beak (2014) Egg Development and Early Life History of Korean Endemic Species, *Acheilognathus majusculus* (Acheilognathinae). Korean Journal of Ichthyology 26: 17-24.
33）Kim, D., H.B. Jeon, H.Y. Suk (2014) Tanakia latimarginata, a new species of bitterling from the Nakdong River, South Korea (Teleostei: Cyprinidae). Ichthyol. Exp. Freshwaters 25: 59-68.
34）Kim, I.S., H. Yang (1998) *Acheilognathus majusculus*, a new bitterling (Pisces, Cyprinidae) from Korea, with revised key to species of the genus *Acheilognathus* of Korea. Korean Journal of Biological Sciences 2: 1, 27-31.
35）Kim, I.S., J.Y. Park (2002) Freshwater fishes of Korea. Kyohak Publishing Company, Ltd, Seoul.
36）北村淳一（2008）タナゴ亜科魚類：現状と保全・魚類学雑誌　55：139-144.
37）北川哲郎，小田優花，細谷和海（2013）飼育下における沖縄産タイワンキンギョの繁殖特性・近畿大学農学部紀要　46：31-36.
38）Knight, J.T. (2008) Aspects of the biology and conservation of the endangered Oxleyan pygmy perch *Nannoperca oxleyana* Whitley. PhD thesis, Southern Cross University, Lismore, NSW.
39）Kottelat, M. (2001) Freshwater fishes of Northern Vietnam: a preliminary check-list of the fishes known or expected to occur in Northern Vietnam: with comments on systematics and nomencla-

ture. World Bank, Washington.
40）Kottelat, M. (2001) Fishes of Laos. Wildlife Heritage Trust, Sri Lanka.
41）Kottelat, M. (2006) Fishes of Mongolia. A check-list of the fishes known to occur in Mongolia with comments on systematics and nomenclature. World Bank, Washington.
42）Kottelat, M., J. Freyhof (2007) Handbook of European freshwater fishes. Publications Kottelat, Cornol and Freyhof, Berlin.
43）Koutrakis, E.T., A.K. Kokkinakis, A.C. Tsikliras, E.A. Eleftheriadis (2003) Characteristics of the European bitterling *Rhodeus amarus* (Cyprinidae) in the Rihios River, Greece. Journal of Freshwater Ecology 18: 615-624.
44）Li, J., X.H. Li, X.L. Chen (2008) A new species of the genus *Leptobotia* from Guangxi, China (Cypriniformes Cobitidae). Acta Zootaxonomica Sinica 33: 630-633.
45）Li, F., J.S. Zhong (2009) *Rhinogobius zhoui*, a new goby (Perciformes: Gobiidae) from Guangdong Province, China. Zoological Research 30: 327-333.
46）Li, F., T.Y. Liao, R. Arai, L.J. Zhao (2017) *Sinorhodeus microlepis*, a new genus and species of bitterling from China (Teleostei: Cyprinidae: Acheilognathinae). Zootaxa 4353: 69-88.
47）Liao, T.Y., S.O. Kullander, H.D. Lin (2011) Synonymization of *Pararasbora*, *Yaoshanicus*, and *Nicholsicypris* with *Aphyocypris*, and description of a new species of *Aphyocypris* from Taiwan (Teleostei: Cyprinidae). Zoological Studies 50: 657-664.
48）Mabuchi, K., M. Miya, H. Senou, T. Suzuki, M. Nishida (2006) Complete mitochondrial DNA sequence of the Lake Biwa wild strain of common carp (*Cyprinus carpio* L.): further evidence for an ancient origin. Aquaculture 257: 68-77.
49）馬渕浩司（2017）日本の自然水域のコイ：在来コイの現状と導入コイの脅威．魚類学雑誌　64：213-218.
50）Mallen-Cooper, MG (1996) Fishways and freshwater fish migration on South-Eastern Australia. Thesis (Ph. D.) University of Technology, Sydney.
51）松沢陽士，瀬能宏（2008）日本の外来魚ガイド．文一総合出版，東京
52）Mihara, M., T. Sakai, K. Nakao, L.O. Martins, K. Hosoya, J. Miyazaki (2005) Phylogeography of Loaches of the Genus Lefua (Balitoridae, Cypriniformes) Inferred from Mitochondrial DNA Sequences. Zoological Science 22: 157-168.
53）宮地伝三郎（1940）満州産淡水魚類，関東州及び満州國陸水生物調査書．22-88.
54）中島淳（2017）日本のドジョウ　形態・生態・文化と図鑑．山と溪谷社，東京
55）Nakajima, J., T. Sato, Y. Kano, L. Huang, J. Kitamura, J. Li., Y. Shimatani (2013) Fishes of the East Tiaoxi River in the Zhejiang Province, China. Ichthyolo. Exp. Freshwaters 23: 327-343.
56）中坊徹次（編）（2013）日本産魚類検索　全種の同定　第三版．東海大学出版会，東京
57）中坊徹次（編・監）（2018）小学館の図鑑Z　日本魚類館：～精緻な写真と詳しい解説～．小学館，東京
58）Ng, H.H., J. Freyhof (2001) A review of the catfish genus *Pterocryptis* (Siluridae) in Vietnam, with the description of two new species. Journal of Fish Biology 59: 624-644
59）倪勇，朱成德（2005）太湖魚類誌．上海科学技術出版社，上海
60）Nitta, M., K. Kawai, K. Nagasawa (2017) First Japanese record of the sharpbelly *Hemiculter leucisculus* (Basilewsky, 1855) (Cypriniformes: Cyprinidae) from Okayama Prefecture, western Honshu. Biogeography 19: 17-20.

61) Park, J.M., K.H. Han, N.R. Kim, D.J. Yoo, S.M. Yun, J.H. Han (2014) Egg development and early life history of Korean endemic species Korean spotted sleeper, *Odontobutis interrupta* (Pisces: Odontobutidae). Dev. Reprod. 18: 259-266
62) Park, J.Y., S.H. Kim (2010) *Liobagrus somjinensis*, a new species of torrent catfish (Siluriformes: Amblycipitidae) from Korea. Ichthyol. Exp. Freshwaters 21: 345-352.
63) Serov, D.V., V.K. Nezdoliy, D.S. Pavlov (2006) The Freshwater Fishes of Central Vietnam. KMK Scientific Press, Moscow.
64) Shen, S.C., C.S. Tzeng (1993) Cypriniformes (in Chinese). In: Shen, S.C., Lee, S.C., Shao, K.T., Mok, H.K., Chen, C.H., Chen, C.T. (eds) Fishes of Taiwan. Department of Zoology, National Taiwan University, Taipei. 132-144pp.+26-30pls.
65) Shin, A., H. Park, W. O., Lee, M. Y. Song (2018) Maturity and spawning of Korean Mandarin Fish, *Siniperca scherzeri* in Soyangho Lake. Korean J. Ichthyol., 30: 84-91
66) Shrestha, J. (1980) Fishes of Nepal. Curriculum Development Centre, Tribhuvan Univ., Kathmandu.
67) Skog, A., L.A. Vøllestad, N.C. Stenseth, A. Kasumyan, K.S. Jakobsen (2014) Circumpolar phylogeography of the northern pike (*Esox lucius*) and its relationship to the Amur pike (*E. reichertii*). Frontiers in Zoology 11: 67.
68) Smith, C., M. Reichard, P. Jurajda, M. Przybylski (2004) The reproductive ecology of the European bitterling (*Rhodeus sericeus*). J. Zool., Lond. 262: 107-124.
69) Snelson, F.F., Jr., T.J. Krabbenhoft, J.M. Quattro (2009) *Elassoma gilberti*, a new species of pygmy sunfish (Elassomatidae) from Florida and Georgia. Bull. Florida Mus. Nat. Hist. 48: 119-144.
70) Son, Y.M., S.-P. He (2001) Transfer of *Cobitis laterimaculata* to the Genus *Niwaella* (Cobitidae). Korean J. Ichthyol. 13: 1-5.
71) Song, H.Y, K.Y. Kim, M. Yoon, Y.K. Nam, D.S. Kim, I.C. Bang (2010) Genetic variation of coreoleuciscus splendidus populations (Teleostei; Cypriniformes) from four major river drainage systems in South Korea as assessed by AFLP markers. Genes & Genomics 32: 199-205.
72) Stapanian, M.A. (2008) Status of burbot populations in the Laurentian Great Lakes. American Fisheries Society Symposium 59: 111-130.
73) 鈴木伸洋（2004）トゲバラタナゴの初期発育形態・海ー自然と文化　2：25-30・
74) Talwar, P.K., A.G. Jhingran (1991) Inland Fishes of India and adjacent countries. Oxford-IBH Publishing Co. Pvt. Ltd., New Delhi.
75) Tominaga, K., S. Kawase (2019) Two new species of *Pseudogobio* pike gudgeon (Cypriniformes: Cyprinidae: Gobioninae) from Japan, and redescription of *P. esocinus* (Temminck and Schlegel 1846). Ichthyological Research 1-21.
76) Tsao, Y.F., W.W. Lin, C.H. Chang, T. Ueda, N.H. Jang-Liaw, Y.H. Zhao, H.W. Kao (2016) Phylogeography, historical demography, and genetic structure of the rose bitterling, *Rhodeus ocellatus* (Kner, 1866) (Cypriniformes: Acheilognathidae), in East Asia. Zoological Studies 55: 49.
77) 内田大貴，加納光樹，松沢陽士，山川宇宙，増子勝男，岩田明久（2018）利根川水系江川とその周辺水域における外来魚カラドンコの定着のおそれと食性・日本生物地理学会会報　73：54-59.
78) 内田恵太郎（1939）朝鮮魚類誌・朝鮮総督府水産試験場報告，第6号
79) 伍漢霖，鐘俊生，陳義雄，庄棣華，沈根媛，倪勇，趙盛龍，邵広昭，牟陽（2008）中國動物誌　硬骨魚網　鱸形目（五）虹虎魚亜目・科学出版社，北京

80）渡辺勝敏，高橋洋，北村晃寿，横山良太，北川忠生，武島弘彦，佐藤俊平，山本祥一郎，竹花佑介，向井貴彦，大原健一，井口恵一朗（2006）日本産淡水魚類の分布域形成史：系統地理的アプローチとその展望・魚類学雑誌　53：1-38

81）危起偉，吳金明（2015）長江上遊珍稀特有魚類國家級自然保護区魚類図集・科学出版社，北京

82）Weitzman, S.H., L.L. Chan (1966) Identification and relationships of *Tanichthys albonubes* and *Aphyocypris pooni*, two cyprinid fishes from southern China and Hong Kong. Copeia 1966: 285-296

83）Wua, T.H., L.M. Tsang, I.S. Chen, K.H. Chu (2016) Multilocus approach reveals cryptic lineages in the goby *Rhinogobius duospilus* in Hong Kong streams: Role of paleodrainage systems in shaping marked population differentiation in a city. Molecular Phylogenetics and Evolution 104: 112-122.

84）Yang, J., M. Kottelat, J.X. Yang, X.Y. Chen (2012) *Yaoshania* and *Erromyzon kalotaenia*, a new genus and species of balitorid loaches from Guangxi, China (Teleostei: Cyrpiniformes). Zootaxa 3586: 173-186.

85）Yu, S.L., T.W. Lee (2002) Habitat preference of the stream fish, *Sinogastromyzon puliensis* (Homalopteridae). Zoological Studies 41: 183-187.

86）Yue, P., C. Zhang, S. Li, G. Cui (1998) China Red Data Book of endangered animals: Pisces. Science Press, Beijing.

87）東佩琦，單幼紅，林人端，褚新洛，張鶚，陳景星，陳毅峰，曹文宣，唐文喬（2000）中國動物誌　硬骨魚綱　鯉形目（下巻）・科学技術社，北京

88）張大慶，曾偉杰（2014）鰕虎圖典・魚雜誌社，台北

89）張春光，邢迎春，趙亜輝，周偉，唐文喬（2016）中國内陸魚類物種与分布・科学出版社，北京

90）趙會宏，鄧麗，劉利，郭冬生，江源（編）（2017）東江流域魚類図誌・科学出版社，北京

協助者・團體（五十音順）

渥美光章、今村淳二、草間啓、鍬田海、鍬田昌宏、關口心悠、關口拓也、鍾宸瑞、戴為愚、張東君、張廖年鴻、陳賜隆、辻悠祐、故・友田淑郎、荻野康則、林宣佑、花戶章光、福地毅彥、松澤陽士、水谷繼、宮正樹、丸山啓太、村田貴紀、山崎浩一、渡邊和哉、渡邊昌和、Aquashop石與泉、茨木觀魚園、勝鮎、新莊區裕民國小、台北市立動物園、名東水園株式會社、RIO Co., Ltd.

協力攝影

渡邊昌和　p93　青魚
p364 斑真鮰
佐土哲也　p144 陳氏新銀魚（2張）
p144 中國大銀魚（2張）
p250 線紋梅氏鯿
p263 緬甸薩爾溫江
p263 鯽結魚
p264 緬甸鏟齒魚
p369 河川沙塘鱧的棲息地

文

佐土哲也

1973年生於兵庫縣。三重大學研究所生物資源學研究科博士課程修畢，取得博士學位（學術）。目前以科學研究費支援研究員的身份任職於千葉縣立中央博物館，從事研究工作。專業為鯉形目魚類為主的個體發生、分子系統暨魚類（MiFish）及甲殼類（MiDeca）的環境DNA解析。日本魚類學會會員。共同著作包括《タナゴハンドブック》（文一総合出版）、《生物ビジュアル資料 深海魚》（グラフィック社）等書。
執筆章節：圖鑑、專欄（第1～8章）、解說（第9章）、水產市場（第4章）

攝影

關 慎太郎 自然生態攝影師

1972年生於兵庫縣。以兩棲類、爬蟲類、淡水魚等身邊生物的生態照片拍攝為一生的志業。除擔任生物相關機構先驅「AZ-Relief」代表外，亦身兼位於栃木縣的日本兩棲類研究所展示飼育部長。著有《日本産 淡水性・汽水性 エビ・カニ図鑑》、《野外観察のための日本産両生類図鑑 第2版》、《野外観察のための日本産爬虫類図鑑 第2版》、《魅せる日本の両生類・爬虫類》（皆為緑書房）、《うまれたよ！イモリ》（岩崎書店）、《減っているってほんと!? 日本カエル探検記 》（少年写真新聞社）等書。網站：https://www.az-relief.com/
執筆章節：水邊生物（第1～3，5章）、田野調查（第2～3章）

STAFF

尾田直美 封面設計

國家圖書館出版品預行編目資料

世界溫帶淡水魚圖鑑 / 佐土哲也著；
關慎太郎攝影；徐瑜芳譯. -- 初版.
-- 臺北市：臺灣東販, 2020.12
390面； 14.8×21公分
ISBN 978-986-511-466-4(平裝)

1.魚類 2.動物圖鑑

388.5025 109012643

世界溫帶淡水魚圖鑑

2020年12月15日初版第一刷發行

作　　者　佐土哲也
攝　　影　關慎太郎
譯　　者　徐瑜芳
編　　輯　吳元晴
美術編輯　竇元玉
發 行 人　南部裕
發 行 所　台灣東販股份有限公司
　　　　　<地址>台北市南京東路4段130號2F-1
　　　　　<電話>(02)2577-8878
　　　　　<傳真>(02)2577-8896
　　　　　<網址>http://www.tohan.com.tw
郵撥帳號　1405049-4
法律顧問　蕭雄淋律師
總 經 銷　聯合發行股份有限公司
　　　　　<電話>(02)2917-8022